JN000245

365 Penguin days by Hiroya Minakuchi & Atsushi Nagano

ペンギンごよみ365日

水口博也 長野 敦 編著

愛くるしい
姿に出会う
癒やしの瞬間

ペンギンたちと瞳をあわせたら、
ふと心が軽くなった。

各写真につけられた（M）は水口撮影、（N）は長野撮影による。

1
January

南極の新年
Adelie Penguin

新年をむかえる頃、
南極半島の盛夏がはじまる。

南極半島先端に近いポーレット島で。（M）

2 January

温泉が湧く入江

Chinstrap Penguin

サウスシェトランド諸島のデセプション島は、
大きなカルデラが沈んだ馬蹄形の島。
その内側の入江には温泉が湧く一方、
外輪山にはヒゲペンギンの大きなコロニーがある。(M)

3

January

腹部のポケット

King Penguin

親鳥の腹部にある、温かい羽毛に囲まれたポケットのなかで守られる孵化してまもないオウサマペンギンのヒナ。

フォークランド諸島、ボランティア岬で。(M)

4

January

親鳥の足のうえで

King Penguin

オウサマペンギンは、両親が交代で八週間足の上で卵を温めたあと、ヒナを七週間にわたって同様に足の上で育てる。

フォークランド諸島、ボランティア岬で。（M）

5

January

数日違いの兄弟

Chinstrap Penguin

ヒゲペンギンは、二つの卵を数日おきに生む。
二つの卵は、同じ間隔をおいて孵化する。

サウスシェトランド諸島、ハーフムーン島で。（M）

6

January

あごひもを締めて

Chinstrap Penguin

帽子のあごひもをしめたような模様をもつヒゲペンギン。南極大陸をとりまいて散在する島じまで営巣する。

サウスシェトランド諸島、デセプション島で。（M）

7
January

夕暮れにたたずむ
Magellanic Penguin

地面に穴を掘って営巣するマゼランペンギン。
成長したヒナたちとともに、夕暮れの光のなかにたたずむ。

フォークランド諸島、シーライオン島で。(M)

8

January

吐息を夕日に染めて

Gentoo Penguin

求愛の声を空にむけて響かせる
ジェンツーペンギン。
吐きだされる息が、夕陽をうけて
赤く染まって見えた。

サウスシェトランド諸島、
リビングストン島で。（M）

9

January

足早に

Fiordland Penguin

キマユペンギンは非常に警戒心が強い。
砂浜に上陸したペアは途中で休憩することなく、足早に森の中に消えていった。

ニュージーランド南島、ウエストランドで。(N)

10

January

共存

Royal Penguin

ロイヤルペンギンが闊歩する砂浜には、ミナミゾウアザラシの姿も多く見かける。体の大きさがずいぶん異なる者同士が同居しているが、たがいを意識することなく平和に共存しているようだ。

マッコーリー島で。(N)

11

January

ネック

Rockhopper Penguin

フォークランド諸島のソーンダース島は、イワトビペンギンの一大営巣地。

とりわけ、島の一部が狭い砂州になった場所は〝首根っこ〟の意味で「ネック」と呼ばれる。イワトビペンギンのほか、ジェンツーペンギンやマゼランペンギン、マユグロアホウドリたちが色濃く営巣する場所だ。(M)

12
January

一家団欒
Rockhopper Penguin

夕方、漁を終えた二羽の親がヒナの元に戻ってきた。空腹だったのかヒナは絶えず餌をねだり、両親はそれに応える。ささやかな一家団欒のひととき。

フォークランド諸島、ソーンダース島で。（N）

13

January

ヒナそれぞれ

King Penguin

オウサマペンギンは一回の繁殖サイクルが一年をこえ、一四〜一五か月にわたるため、産卵、育雛の季節はそれぞれ。産卵は一一月〜四月にかけて行われ、同じコロニーのなかでもさまざまな成長段階のヒナを見ることができる。

サウスジョージア島、ソールズベリー平原で。(M)

14
January

似ても似つかぬ
King Penguin

オウサマペンギンの成長したヒナ。親鳥と姿があまりに違うために、発見当時は別種のペンギンと考えられたほどだ。

サウスジョージア島、セントアンドリューズ湾で。(M)

15

January

第一卵の孵化

Gentoo Penguin

ジェンツーペンギンも、二つの卵を数日おきに生む。最初の卵が孵った日。巣からはじめてピーピーとか弱い声が聞こえた。

フォークランド諸島、シーライオン島で。(M)

16

January

ジェンツーペンギンの生存戦略

Gentoo Penguin

ジェンツーペンギンのヒナたち。数日早く孵化した最初のヒナは、二番目のヒナよりいくぶん大きく、餌もよく与えられるために、餌が少ない年でも生き残る可能性が高い。

南極南島沿岸のダンコ島で。(M)

17

January

水辺にたたずむ

King Penguin

サウスジョージア島のセントアンドリューズ湾は、一五万番いのオウサマペンギンが集まる、世界最大の営巣地である。写真は、育雛を終え、水辺に集まって換羽の時期をすごす親鳥たち。(M)

18

January

白砂に影を落として

King Penguin

フォークランド諸島のボランティア岬には、美しい白砂の海岸が広がる。
海へ餌とりに出かけるオウサマペンギンたちの影を、浜に寄せる波が鏡のように映しだす。
(Neale Cousland/Shutterstock.com)

19

January

雪をついばむ

Adelie Penguin

新雪をついばむアデリーペンギン。日中の日射しのなかで体温調節のため、あるいは真水を得るためなどの説が考えられている。

南極半島沿岸のクーバービル島で。（M）

20
January

小競りあい
Adelie Penguin

ペンギンたちが集まれば、いつも
どこかで小競りあい。
くちばしでつつきあったり、翼で
叩きあったり。

南極半島の先端に近いポーレット島で。（M）

21
January

隔絶された島で
Royal Penguin

タスマニア島と南極大陸のなかほどに、マッコーリー島という絶海の孤島がある。世界でもっとも隔絶された島の一つといわれ、ロイヤルペンギンが世界で唯一繁殖をする島でもある。

(BMJ/Shutterstock.com)

22
January

黒い顔
Macaroni Penguin

ともに頑丈なくちばしと長い冠羽をもつが、顔が白いロイヤルペンギンにくらべて、マカロニペンギンは顔が黒い。

サウスシェトランド諸島、ハーフムーン島で。(M)

23

January

固有種

Snares Penguin

ハシブトペンギンが繁殖するのは世界でもスネアーズ諸島のみ。島に近づくと、多数の個体が岩場で休んでいるのが目に入る。その数、島全体でおよそ三万番い、生息地に行けばふつうに見られるが、他所ではまったく見られない固有種の典型的な例だ。

スネアーズ諸島で。（N）

24
January

森にすむペンギン
Snares Penguin

ハシブトペンギンは森の中で営巣する。
海から戻った親鳥は近くの岩場で羽づくろいをした後、背後の森の中に消えていった。

スネアーズ諸島で(N)

25

January

一羽のヒナが意味するもの

Adelie Penguin

アデリーペンギンもジェンツーペンギン、ヒゲペンギンと同様、数日おきに二個の卵を産む。餌が多い年には、二羽のヒナを巣だたせることができるが、餌が少ない年には、いちばん強いヒナだけが生き残る。

南極半島沿岸のピーターマン島で。(M)

26
January

海への行進
Adelie Penguin

ヒナを育てるアデリーペンギンは、雌雄が交代で海へ餌とりに出かける。
それぞれのコロニー、それぞれの巣から出かけるペンギンたちが途中で合流しながら、隊列をなして海にむかう。

南極半島の先端に近いブラウンブラフで。(M)

27

January

巣づくりのための小石

Chinstrap Penguin

小石を巣に運ぶヒゲペンギン。育雛がはじまっても彼らは、小石をさがして巣を補強しつづけるが、ときに隣の巣の小石を失敬するものもいる。

サウスシェトランド諸島、ハーフムーン島で。(M)

28

January

空に声を響かせて

Chinstrap Penguin

一月はヒゲペンギンたちの育雛に忙しい季節。
彼らにとって雌雄の絆は欠かせない。
それぞれがパートナーに向けて声を響かせる。

サウスシェトランド諸島、ハーフムーン島で。(M)

29
January

繁殖期の終わり
Emperor Penguin

一月はコウテイペンギンの繁殖期の終わり。親鳥たちが最初に繁殖地をあとにし、それにつづいて残されたヒナたちも、はじめての海での暮らしにむけて故郷を旅だつ。

ウェッデル海、スノーヒル島で。(M)

30
January

長い行列
Emperor Penguin

海にむかうコウテイペンギンたち。定着氷上につづくペンギンたちの群れが、遠くからはアリの行列のように見えた。

南極、ロス海のワシントン岬で。(M)

31

January

孤高のペンギン

Yellow-eyed Penguin

キンメペンギンは一風変わったペンギンである。分類上、本種のみで一属を構成するのみならず、他の多くの種が行う集団営巣を行わない等、生態上の違いも見られる。

(Michael Smith ITWP/Shutterstock.com)

1
February

フォークランド諸島の晩夏

Gentoo Penguin

南緯五二〜五三度、南米大陸の沖に浮かぶフォークランド諸島が晩夏を迎える頃には、ジェンツーペンギンの成長したヒナたちが親鳥の姿を求めて駆けまわる。

(Giedriis/Shutterstock.com)

2
February

黄昏に染まる海岸で
Cape Penguin

ケープタウン郊外のボルダーズビーチは、人里にもっとも近いケープペンギンの営巣地である。彼らは一九八三年に付近の海岸で一組の番いが観察されて以来、着実に個体数を増やしてきた。浜の前に広がるフォルス湾で、商業的な漁業が禁止されていたことも幸いした。

(Sergey Uryadnikov/Shutterstock.com)

3
February

二羽ともに育って
Chinstrap Penguin

幸いにもこの年はペンギンたちの餌が豊かだったのだろう。ヒゲペンギンの二羽のヒナは順調に育っていた。

サウスシェトランド諸島、リビングストン島で。（M）

4
February

背伸び
Rockhopper Penguin

夕方、イワトビペンギンのヒナが突然のびをはじめた。日中、ずっと親を待つのに退屈しきってしまったのだろうか。

フォークランド諸島、ソーンダース島で。（N）

5

February

親鳥を待つヒナ集団

Gentoo Penguin

成長しヒナたちは、親鳥が海へ漁に行っている間、集団（クレイシ）をつくって親鳥の帰りを待つ。クレイシは、最初のうちは密集した集団だが、ヒナたちの成長にともなって散らばりはじめる。

フォークランド諸島、シーライオン島で。（M）

6

February

オオトウゾクカモメとジェンツーペンギンのヒナたち

Gentoo Penguin

クレイシをつくるジェンツーペンギンのヒナたちをオオトウゾクカモメが狙う。
ある程度成長したヒナは、抵抗するものの、いくぶんおよび腰にも見える。

南極半島沿岸のクーバービル島で（M）

7
February

長い尾羽
Adelie Penguin

隊列をなして海にむかうアデリーペンギン。
ジェンツーペンギン、ヒゲペンギンとともに*Pygoscelis*属を構成する彼らは尾羽が長く、立ったときに地面や雪面に接する。

南極半島の先端に近いブラウンブラフで。(M)

8

February

腋をつつく

Adelie Penguin

アデリーペンギンが翼の下、腋をくちばしでつつく行動は、別の個体（あるいはこのときは撮影者だったか）が接近したときの緊張状態を示している。

南極半島の先端に近いブラウンブラフで。（M）

9 February

餌をちょうだい

Gentoo Penguin

餌をもらうために、親鳥を追って全力で駆けていくジェンツーペンギンのヒナ。
ときには勢いあまって転んでしまう。それでもすぐに起きおきあがって、親鳥を追いかけていく。

フォークランド諸島、シーライオン島で。(M)

10

February

喉元をつついて

Gentoo Penguin

ようやく立ちどまり、ヒナとむかいあうジェンツーペンギンの親鳥。ヒナが親鳥の下くちばしを小刻みにつつくと、親鳥は吐きもどす仕草をみせて、給餌がはじまる。

フォークランド諸島、シーライオン島で。（M）

11

February

二羽公平に

Chinstrap Penguin

ヒゲペンギンの成長したヒナと親鳥。
ヒゲペンギンは給餌にあたってヒナに追わせることなく、二羽のヒナが成長していれば、均等に給餌を行う。

サウスシェトランド諸島、ハーフムーン島で。(M)

12

February

換羽の季節

Chinstrap Penguin

育雛を終えたヒゲペンギンが、換羽の季節を迎える。新しい羽毛に押しだされるように、古い羽毛が抜け落ちていく。

サウスシェトランド諸島、ハーフムーン島で。(M)

13
February

換羽
King Penguin

育雛を終えたペンギンは、いったん海でしっかりと餌をとったあと、痛んだ羽毛を新しい羽毛に交換する。
この時期、できるだけエネルギーを消耗するのを避けて、じっとしてすごす。

サウスジョージア、ソールズベリー平原で。（M）

14

February

仲がいいのか悪いのか

King Penguin

隊列をなして海に餌とりにむかうオウサマペンギン。仲がよさそうでいて、前後のものをくちばしでつついたり、翼で叩いたりと小競りあいが絶えない。

フォークランド諸島、ボランティア岬で。(M)

15

February

緊迫感

Snares Penguin

ハシブトペンギンが集まる岩場に突然メスのアシカがやってきた。アシカはただ休息場所を求めてきただったようだが、周囲にいたペンギンたちがいっせいに飛び退いた。のどかに見えたペンギンの群れに、緊迫感が走った瞬間。

スネアーズ諸島にて。(N)

16

February

ペンギン大国

Snares Penguin

ハシブトペンギンはニュージーランド領のスネアーズ諸島の固有種。ニュージーランドは世界でも有数のペンギン大国で、四種もの固有のペンギンを擁する。

スネアーズ諸島で。（N）

17

February

つがいの挨拶

Adelie Penguin

つがいになったアデリーペンギンの雌雄は、おりにふれてはむかいあい、空にむけて賑やかな声を出して挨拶をしあう。このとき、首をのばし、白目をむき、冠羽をさかだて、さかんに頭部を左右に揺り動かす。

南極半島の先端に近いブラウンブラフで。(M)

18

February

南極半島の晩夏

Adelie Penguin

二月に入れば、アデリーペンギンたちの育雛も終盤にあたる。巣で待つヒナに与える餌を求めて、海にむかうペンギンたちが海岸の氷上に集う。

南極半島の先端に近いポーレット島で。(M)

19
February

沢での水のみ

Rockhopper Penguin

島の斜面を流れる沢へ、水をのみに集まるイワトビペンギンたち。ときにいい場所をめぐって小競りあいも演じながら。

フォークランド諸島、ソーンダース島で。(M)

20

February

ミナミイワトビペンギン

Rockhopper Penguin

イワトビペンギンはかつて一種と分類されていた。
現在はキタイワトビペンギン、ヒガシイワトビペンギン、ミナミイワトビペンギンの三種に分けられ、それぞれ異なる地域に分布する。
フォークランド諸島に分布するのは、ミナミイワトビペンギン。

フォークランド諸島、ソーンダース島で。(M)

21
February

固有種を育む海
Cape Penguin

ケープペンギンが上陸する、南アフリカ、ケープ半島の海岸で。南緯三三度、ペンギンが生息する場所としてはけっして高くない緯度だが、とりまく海の豊かさが、ケープペンギンをはじめコシャチイルカ、ミナミアフリカオットセイなど、この海域にのみ生息する多くの海洋動物の固有種（ミナミアフリカオットセイは固有の亜種）の暮らしをささえている。

(Sergey Uryadnikov/Shutterstock.com)

22
February

短い冠羽
Fiordland Penguin

陸に戻ってきたキマユペンギンの亜成鳥。
本種の亜成鳥は長い冠羽を持たない。数年をかけて成熟したのち、ようやく長く黄色い冠羽を持つことになる。

(John Yunker/Shutterstock.com)

23
February

ときに一番いで
Macaroni Penguin

マカロニペンギンは、ときに大きな繁殖コロニーを形成する一方、イワトビペンギンやヒゲペンギンの繁殖コロニーに混じって、一番いだけが営巣する例もある。

フォークランド諸島、ドルフィン岬で。(M)

24
February

最大の繁殖地
Macaroni Penguin

採餌のために海岸におりてきたマカロニペンギン。サウスジョージア島はマカロニペンギンの最大の繁殖地だが、一九八〇年代には五〇〇万番いといわれた個体数も、現在は一〇〇万番いを割るまでに激減している。

サウスジョージア島、クーパー湾で。
(Anton_Ivanov/Shutterstock.com)

25
February

孤島のオウサマ
King Penguin

近縁のコウテイペンギンが南極海の定着氷上で繁殖するのに対して、オウサマペンギンは亜南極の海域に散在する島じまで繁殖する。
後方には巨大なミナミゾウアザラシが休む。

サウスジョージア島、
セントアンドリューズ湾で。(M)

26
February

波をこえて
King Penguin

海へ餌とりに出かけるオウサマペンギンが隊列をなして進む。ハダカイワシ類など魚類を中心に捕食する彼らは、沖に出てしまえば小さなグループか単独で行動する。

サウスジョージア島、ソールズベリー平原で。(sirtravelalot/Shutterstock.com)

27
February

身を寄せ合って
Royal Penguin

マカロニペンギン属に属する種はいずれも黄色い冠羽、赤い嘴、赤い目を持つ。形態的な特徴以外にも、この属の種は写真のロイヤルペンギンのようにペアで身を寄せあい、座っているのをよく見かける。

マッコーリー島で。(N)

28
February

年齢とともに
Royal Penguin

ロイヤルペンギンは若鳥のうちは顔の羽色は黒く、年を重ねるにつれて白く変化していく。この二羽はともに顔が白くなりきっておらず、ちょうど過渡期にある。

マッコーリー島で。（N）

29

February

腹の汚れ

Magellanic Penguin

海から戻ってきたマゼランペンギンの腹部は綺麗な白色をしている。一方、写真の個体は何れもやや汚れた茶色。本種は地面に掘られた穴を巣穴としているため、巣にいると腹部が土の色に染まってしまう。

フォークランド諸島、シーライオン島で。(N)

1
March

マユダチペンギン
Erect-crested Penguin

シュレーターペンギンとも呼ばれ、イワトビペンギンと同様マカロニペンギン属のペンギンだが、逆立つ飾り羽を持つ。くちばしのつけ根に、白い皮膚が露出することもこの種の特徴になる。

(Charles Bergman/Shutterstock.com)

2
March

イワトビペンギンではないものの
Adelie Penguin

イワトビペンギンでなくとも、段差や障害があれば飛びこえる。海へむかうアデリーペンギンが、斜面にあった雪面の段差を飛びこえていく。

南極半島先端に近いブラウンブラフで。(M)

3
March

まもなく海へ
Adelie Penguin

三月に入れば、アデリーペンギンたちの営巣の季節も終わり。まもなく外海を泳ぎまわり、ナンキョクオキアミの群れを追う暮らしがはじまる。

南極半島先端に近いポーレット島で。（M）

4

March

海面に影を落として

Gentoo Penguin

南極半島の晩夏、穏やかな午後の光のなかで一羽のジェンツーペンギンが海面に影を落として海岸にたたずむ。

南極半島沿岸で。
(Volodymyr Goinyk/Shutterstock.com)

5

March

黄昏に立つ

Gentoo Penguin

沈みゆく太陽が茜色に染めた空を背景に、海での餌とりから営巣地に帰還したジェンツーペンギンのシルエットが浮かびあがる。

フォークランド諸島、シーライオン島で。(M)

6
March

海氷上にたたずむ
Emperor Penguin

すでに繁殖の季節を終えたコウテイペンギンの、海氷上での穏やかなひととき。

南極、ウェッデル海で。(Hieu-Trung Le/Shutterstock.com)

7

March

温暖化とともに

Gentoo Penguin

以前は南極半島での分布は限定的だったジェンツーペンギンは、昨今の温暖化とともに南極半島内で急速に生息域を広げている。

南極半島沿岸のピーターマン島で。(M)

8

March

タソックの間で

Gentoo Penguin

亜南極の島じまにはタソックと呼ばれるイネ科植物が多く、多くの生物に隠れ場所を提供している。タソックの間で休むミナミゾウザラシの前をジェンツーペンギンが横切る。

サウスジョージア島、クーパー湾で。(M)

9 March

成功率
Yellow-eyed Penguin

キンメペンギンは二つの卵を産むといわれるが、私が二羽のヒナを観察したのは、過去に数回しかない。
近年、ニュージーランド本土の営巣地では繁殖成功率の低下が問題となっているが、実際のヒナの生存率はいかほどなのだろう。

(Frank Fichtmueller/Shutterstock.com)

10
March

霧雨の日
Yellow-eyed Penguin

亜南極諸島のキンメペンギンは、晴れた日より悪い天気の日のほうが活動的になるようだ。私自身数度この地を訪れたが、快晴の日にはあまり目に入らないペンギンを、霧雨がまじる日には不思議なほど多数を見かけた。

オークランド諸島、エンダビー島で。(N)

11
March

引き潮どきに
Snares Penguin

ハシブトペンギンが岸近くで羽をばたつかせ、もがいていた。この一群は、引き潮時に水面に干出した長大なケルプの茂みに飛びこんでしまい、身動きがとれなくなったようだ。

スネアーズ諸島で。(N)

12
March

引き潮どきでも
Snares Penguin

潮が寄せた瞬間に海に飛びこんだハシブトペンギンの群れ。ケルプのなかを進まなければならないのは同じだったが、波で水位が上がったことで、ケルプが体に絡みつくこともなく一気に泳ぎ去っていった。

スネアーズ諸島で。(N)

13
March

換羽の季節
Chinstrap Penguin

南半球が夏から秋へと季節を移すころ、ヒゲペンギンのコロニーは、換羽を行ったペンギンたちの、抜け落ちた古い羽毛でおおわれる。

サウスシェトランド諸島、ハーフムーン島で。(M)

14

March

ミナミゾウアザラシが休む浜

Chinstrap Penguin

海岸に休むミナミゾウアザラシの間を歩くヒゲペンギン。アザラシたちも換毛の季節で、動きをひかえてただじっと休むだけだ。

サウスシェトランド諸島、リビングストン島で。(M)

15
March

まもなく巣立ち
Magellanic Penguin

地面に掘った巣穴の出口で、午睡にまどろむマゼランペンギンの若鳥たち。それまで体をおおった幼綿羽は、ほとんど成鳥の羽毛に生えかわった。

パタゴニア、トンボ岬で。
(Ekaterina Pokrovsky/Shutterstock.com)

16
March

親子そろって
Magellanic Penguin

マゼランペンギンのヒナはクレイシ（ヒナ集団）をつくらない。地面に掘られた穴で育てられるために、外敵から身を守ることができるからだろう。

フォークランド諸島、シーライオン島で。（M）

17

March

ラタの森

Yellow-eyed Penguin

ラタの木が生い茂る森にたたずむキンメペンギンの若鳥。この森は全体がキンメペンギンの営巣地となっていて、森の中に巣が点在していた。本種は集団で営巣することはなく、単独で営巣、子育てを行う。

オークランド諸島、エンダビー島で。(N)

18

March

頭部の模様

Yellow-eyed Penguin

キンメペンギンの若鳥は、頭部全体が褐色の羽毛におおわれる。成熟するにつれ、頭部の羽毛は褐色から黄色に変わり、特徴的な黄色の線が側頭から後頭部に入るようになる。

(Nicram Sabod/Shutterstock.com)

19
March

オウサマたちの晩夏
King Penguin

成長したヒナたちがつくるクレイシの前を、海での餌とりから帰ってきたオウサマペンギンの親鳥たちが歩く。南半球はまもなく秋、ヒナたちはそれまでにたっぷりと餌をもらって栄養をためこまなければならない。

フォークランド諸島、ボランティア岬で。(M)

20
March

東西のオオサマペンギン
King Penguin

南米大陸に近いフォークランド諸島やサウスジョージア島に生息するオウサマペンギンがWestern King Penguinなら、このマッコーリー島（オーストラリア領タスマニア島の南方海上に浮かぶ）に生息するものはEastern King Penguinと別亜種に分類されている。

マッコーリー島で。（N）

21
March

最大のコロニー

King Penguin

オウサマペンギンが絨毯のように埋めつくす、サウスジョージア島のセントアンドリューズ湾。ところどころで褐色のヒナたちがクレイシを形成する。(M)

22

March

隊列をなして

Gentoo Penguin

南半球の晩夏、午後遅く海での餌とりから帰ってきたジェンツーペンギンたちが隊列をなして営巣地にむかう。

フォークランド諸島、シーライオン島で。(M)

23

March

南極半島の温暖化

Gentoo Penguin

南極半島は、地球のなかでももっとも温暖化が進んでいる場所のひとつである。最近の五〇年で平均気温は三度上昇。それにあわせて、ジェンツーペンギンが半島のより南部へと分布域を広げている。

南極半島沿岸のダンコ島で。(M)

24
March

波乗り
Cape Penguin

寄せる波にのって海岸に帰還するケープペンギン。
海面下に黒い影と、目のまわりの赤い模様が駆けぬけていく。

南アフリカ、ケープタウン郊外のボルダーズビーチで。(M)

25
March

産卵ラッシュ

Cape Penguin

たがいに羽づくろいをするケープペンギンのペア。周囲には卵を抱える個体も多く見られ、さながら産卵ラッシュ。ちなみにケープペンギンの産卵は、南半球の夏の一月にはじまり、冬をこえて春をむかえる一〇月までずっとつづく。

南アフリカ、ケープ半島で。(N)

26
March

進化の妙
Royal Penguin

マッコーリー島は、ロイヤルペンギンが世界で唯一繁殖をする島である。
この島はタスマニア島と南極の中間近くに位置する絶海の孤島。外界から隔絶された島であったからこそ、独自の進化により本種が生まれたのだろうか。

マッコーリー島で。(N)

27
March

同種か別種か

Royal Penguin

かつてロイヤルペンギンはマカロニペンギンと同種とされていた。二種の識別方法は顔の色とされるが（白色がロイヤル、黒色がマカロニ）、ロイヤルの若鳥は顔が黒くマカロニに酷似する。二種の種分化はまだ進行中なのかもしれない。

マッコーリー島で。（N）

28
March

一期一会

Magellanic Penguin

砂浜を埋めつくすマゼランペンギン。数度にわたって同じ場所を訪れているが、ふだんは砂浜にまばらに見られる程度。これほどの数が見られた(二〇一一年)のは、いったい何があったからだろう。

フォークランド諸島、ソーンダース島で。(N)

29

March

二本の黒縞

Magellanic Penguin

フンボルトペンギン、ケープペンギンなどを含むケープペンギン属のなかで、このマゼランペンギンだけが胸に二本の縞模様を持つ。

パタゴニア、トンボ岬で。
(sunsinger/Shutterstock.com)

30
March

Tawaki
Fiordland Penguin

ニュージーランドの先住民族マオリは、キマユペンギンをTawakiと呼ぶ。この名前はマオリの神話に登場する神に由来する。小さな体のペンギンのどこに神性を見出したのだろうか。

ニュージーランド南島、ウエストランドにて。(N)

31
March

羽づくろい
Cape Penguin

お尻にある尾脂腺から分泌される油分を、くちばしで体中の羽毛に塗ってコーティングを行う。海からあがったペンギンの羽毛から、はじかれた水が水滴になって流れ落ちるのは、このコーティングのおかげである。

南アフリカ、ケープ半島で。（M）

1
April

ふたたび氷上へ
Emperor Penguin

一月に繁殖地を離れて、南極海に散らばってたっぷりと餌をとったコウテイペンギンは、三月から四月にかけて、ふたたび定着氷（南極大陸やまわりの島じまと直接つながって海をおおう氷）の奥懐にある繁殖地をめざしはじめる。

南極、ロス海で。
(Mario_Hoppmann/Shutterstock.com)

2
April

吹雪のなかで

Emperor Penguin

疾風に舞う雪を、低い太陽が緋色に染める。上陸したコウテイペンギンたちは繁殖地までときに一〇〇キロを越えて、氷上を歩きつづけなければならない。

南極、ウェッデル海で。
(Mint Frans Lanting/Mint Images/Agefotostock.com)

3

April

魚食のペンギンたち

Humboldt Penguin

南極のペンギンたちがナンキョクオキアミを主要な餌にしているのに対して、このフンボルトペンギンを含むケープペンギン属のものは、主に群集性の小魚を捕食する。

ペルー太平洋岸で。(M)

4

April

繁殖地をはなれて

Chinstrap Penguin

サウスシェトランド諸島の沖を跳ね泳ぐヒゲペンギン。三月に繁殖を終えた彼らは、南極が冬を迎えるころ、北方の海域で採餌を行うために移動しはじめる。(M)

5
April

洒落た飾り羽
Macaroni Penguin

イワトビペンギンを含むマカロニペンギン属のペンギンは、黄色く目だつ飾り羽をもつが、飾り羽が頭頂部まで覆うのは、このマカロニペンギンと近縁のロイヤルペンギンだけだ。

フォークランド諸島、ドルフィン岬で。(M)

6
April

イタリア風の伊達男
Macaroni Penguin

マカロニペンギンの「マカロニ」とは、一八世紀のイギリスで流行したイタリアンテイストをとりいれた「伊達男」を意味する。美しい飾り羽にちなんでこの名がつけられた。

サウスジョージア島、クーパー湾で。
(Charles Bergman/Shutterstock.com)

7
April

喧噪のなかで
King Penguin

賑やかなペンギンたちの声が響きわたる。ヒナたちがつくるクレイシに戻ってきた親は、自分のヒナと鳴き交わしながら、この喧噪のなかで出会う。

サウスジョージア島、セントアンドリューズ湾で。(M)

8

April

冬にむけて

King Penguin

ひと冬を通してすごすヒナがいるのは、オウサマペンギンのみ。厳寒の冬には頻繁に餌をもらえなくなるため、それまでにたっぷりと栄養をたくわえなければならない。

フォークランド諸島、ボランティア岬で。(M)

9
April

興味津々
Royal Penguin

ロイヤルペンギンはペンギン各種の中でもとくに好奇心が強い。砂浜で休んでいると二羽のペンギンが撮影者に近づき、不思議そうに眺めた。彼らの領域に侵入した不審者を検問しているようだった。

マッコーリー島で。(N)

10
April

黄色の冠羽
Royal Penguin

このロイヤルペンギンを含むマカロニペンギン属のペンギン各種は、共通して特徴的な黄色い冠羽を持つ。この属に属するのはペンギン一八種中の八種。ペンギンのなかで、もっとも繁栄した属といえるだろう。

(AndreAnita/Shutterstock.com)

11
April

定住

Gentoo Penguin

ジェンツーペンギンのなかで、クロゼ諸島など比較的低い緯度に生息する個体群は、一年を通して繁殖地のまわりにとどまり、冬期でも繁殖することもある。

写真のものはフォークランド諸島、シーライオン島で。(M)

12

April

気泡が描く軌跡

Gentoo Penguin

海中を、ジェンツーペンギンがミサイルのように駆けぬけると、羽毛の間に含まれていた気泡が、銀色に輝く軌跡を描きだす。

サウスシェトランド諸島、ハーフムーン島沖で。(M)

13
April

潮だまりで

Rockhopper Penguin

海での採餌から帰ってきたイワトビペンギン。営巣地に戻る途中、海岸の潮だまりで水浴を行う。

フォークランド諸島、ソーンダース島で。(M)

14
April

飛沫
Rockhopper Penguin

イワトビペンギンが上陸する岩場は、海が穏やかでも絶えず波が打ちつける。ペンギンが海から飛び出すタイミングに合わせてシャッターを切った瞬間、飛び散った飛沫がペンギンの体を包みこんだ。

フォークランド諸島、ソーンダース島で。(N)

15

April

まもなく巣だち

King Penguin

幼綿羽から成鳥の装いへ、ほぼ衣がえを終えたオウサマペンギンの若鳥。
まもなく大海原を泳ぎまわることができるようになる。

サウスジョージア島、
ソールズベリー平原で。(M)

16

April

親鳥の換羽

King Penguin

繁殖期を終えた親鳥は換羽を行うが、まちまちの季節に繁殖を行うオウサマペンギンの営巣地では、常に誰かが換羽の季節を迎えている。

サウスジョージア島、ソールズベリー平原で。(M)

17

April

夕闇の中で

Rockhopper Penguin

太陽が山の端に沈み空が暗くなりはじめた頃、一羽のイワトビペンギンが岩の上で周囲を見わたしていた。コロニーに戻ったばかりの親鳥がヒナを探していたのだろうか。

フォークランド諸島、ソーンダース島で。(N)

18

April

打ち寄せる波とともに

Rockhopper Penguin

遅い午後、海での漁から帰還したイワトビペンギンたち。彼らは荒海のなかから、打ち寄せる波に乗って岩場に上陸する。

フォークランド諸島、ソーンダース島で。(M)

19
April

黄色の虹彩
Yellow-eyed Penguin

キンメペンギンはその名の通り、虹彩が黄色(黄褐色)をしている。イワトビペンギンなどマカロニペンギン属のペンギンたちが赤い虹彩を持つのとは対照的だ。

(Filip Fuxa/Shutterstock.com)

20

April

絶食

Yellow-eyed Penguin

換羽中のキンメペンギン。ペンギンは年に一度、体全体の羽毛を生え変わらせて、羽の防水性を保つ「換羽」を行う。およそ一か月にわたる換羽中は海に入れないため、地上で絶食してすごす。

(Max Allen/Shutterstock.com)

21
April

夕陽のなかで
Magellanic Penguin

南半球では秋が深まる季節。沈みゆく太陽が、マゼランペンギンがたたずむ草原を赤く染めあげる。

フォークランド諸島、シーライオン島で。(N)

22
April

夕暮れの帰還
Magellanic Penguin

これから餌とりに出かけようとするマゼランペンギンたちが、早朝の海岸にたたずむ。昇りはじめた朝日のなかで、翼を前方に突きだす、マゼランペンギンならではのシルエットを見せて。

フォークランド諸島、シーライオン島で。（M）

23

April

いっせいに

Snares Penguin

海に入るハシブトペンギンの小群。入水は一〇羽程度の小集団で行われることが多いが、これは海中に潜む捕食者を恐れての行動なのだろうか。

スネアーズ諸島で。（N）

24
April

頬黒
Snares Penguin

岩場にたたずむハシブトペンギン。本種とキマユペンギンは近縁な種と言われており、かつては同種と考えられていた。キマユペンギンには頬に白い模様が入る（九六ページ）のに対し、ハシブトペンギンの頬は一様に黒い。

スネアーズ諸島で。（N）

25
April

産業活動による被害
Cape Penguin

ケープペンギンが生息する南アフリカからナミビアにかけての大西洋岸は、船の難所として知られ、多くの船舶が座礁、沈没をした。そこから流れ出た石油や原油によって大きな被害を受けている。

南アフリカ、ケープ半島で。
(Sergey Uryadnikov/Shutterstock.com)

26
April

アガラス海流
Cape Penguin

アフリカ大陸の西岸は、豊かな寒流ベンゲラ海流の恵みにささえられているが、もうひとつインド洋からアフリカ南岸にそって西へ流れるアガラス海流もまた、多くのケープペンギンの暮らしをささえている。

(Sergey Uryadnikov/Shutterstock.com)

27

April

豪快な上陸

Gentoo Penguin

沖から海岸にむけて跳ね泳いできたジェンツーペンギンの群れが、海中に消えた。それから何秒かの後、つぎつぎに海中からロケットのように飛びだして氷上に帰還した。

南極半島の先端に近いブラウンブラフで。（M）

28
April

夏の終わり
Gentoo Penguin

夏が終わると、晴れ間も少なくなる。
舞いはじめた雪を見あげるジェンツーペンギン。
彼はときどき、大きく口を開いて舞う雪を受けとめていた。

サウスジョージア島、ストロムネスで。(M)

29
April

氷山のうえで
Adelie Penguin

繁殖地を離れ、海でナンキョクオキアミを追うアデリーペンギン。海氷がある海域が彼らのおもな餌場になる。

サウスシェトランド諸島沖。
(jo Crebbin/Shutterstock.com)

30
April

秋の繁殖地
Adelie Penguin

繁殖期が終わり、なかまが去ったあとの繁殖地で、一羽のアデリーペンギンがたたずむ。

南極半島の先端に近いブラウンブラフで。（M）

1
May

マゼランペンギンの所作
Magellanic Penguin

風が渡るフォークランド諸島の海岸で。
翼を前に垂らすのは、マゼランペンギンならではの所作、振る舞い。

フォークランド諸島、シーライオン島で。(M)

2

May

名前の由来

Yellow-eyed Penguin

キンメペンギンは別名キガシラペンギンとも呼ばれ、成鳥の頭部全体が黄色の羽毛におおわれる。加えて黄色のラインに後頭部に入り、他のペンギンと比較して見た目の印象が少々異なる。じっさい、種としても特異な位置づけをされ、本種のみで*Megadyptes*属を構成する。

オークランド諸島、エンダビー島で。(N)

3
May

森のペンギン
Yellow-eyed Penguin

キンメペンギンは森で営巣するために、陸に戻った親鳥は森を目指して歩いてゆく。繁殖個体ではない若鳥も上陸後、浜辺にとどまることは少なく、森の周辺部まで移動して休息をとる個体が多い。

オークランド諸島、エンダビー島にて。(N)

4

May

キタイワトビペンギン

Erect-crested Penguin

三種のイワトビペンギンのなかでも、比較的緯度の低いトリスタン・ダ・クーニャ諸島(南大西洋、南緯三七度)やセントポール島(インド洋、南緯三八度)などで繁殖する。冠羽がとりわけ長いのことも、この種の特徴である。

(dean bertoncelj/Shutterstock.com)

5
May

サウスジョージア島のキングペンギン

King Penguin

サウスジョージア島は南緯五三～五四度に浮かぶ島。しかし南極前線（南極大陸からの冷たい水塊と、北方からのいくぶん温かい水塊がぶつかりあう境界）より南に位置するために、とりまく海洋環境としては南極に近い。

ソールズベリー平原で。（M）

6

幼綿羽につつまれて

King Penguin

褐色の幼綿羽につつまれたオウサマペンギンの幼鳥。
きわめて近縁の(親鳥同士は似ている)コウテイペンギンのヒナと大きく見かけが異なるのは、オウサマペンギンは地面のうえで暮らすからか。

フォークランド諸島、ボランティア岬で。(M)

7
May

クレイシのなかで
King Penguin

親鳥の帰りを待つヒナたちが集まるクレイシに、海から餌をとって帰ってきた親鳥が一羽。自分のヒナが出す声を頼りに探しだす。

サウスジョージア島、セントアンドリューズ湾で。
(JeremyRichards/Shutterstock.com)

8

May

流氷に遊ぶ

Gentoo Penguin

流氷から海に飛びこんだり、ふたたび氷上にあがったり。採餌のあいまの穏やかなひととき。気にかけるべきは、ときおり遊弋してくるヒョウアザラシの影か。

サウスシェトランド諸島、リビングストン島沖で。(M)

9
May

新たな雪と氷

Gentoo Penguin

ペンギンたちの営巣地は、育雛の季節には、糞などで汚れて見えるものだ。しかし、育雛の時期が終わり、秋になって発達する氷、新たに降る雪は、あらゆる汚れを隠してしまう。

南極半島沿岸で。
(jeremykingnz/Shutterstock.com)

10

May

雲の切れ間

Cape Penguin

南アフリカ、ケープ半島にあるケープペンギンの営巣地であるボルダーズビーチで。雨を降らせた雲が割れ、青空がのぞきはじめた午後。雨のなかで観察をつづけたご褒美は、ふいに空を飾りはじめた虹だ。

(Martin Prochazkacz/Shutterstock.com)

11

May

ハネジロペンギン

White-flipper Penguin

ニュージーランドの限られた地域に、一風変わったコガタペンギンが生息する。

通常コガタペンギン（別名ブルーペンギン）は翼が全て青色であるのに対し、このペンギンは翼の周囲が白色におおわれる。その特徴から現地ではWhite-flipper penguin、和名ではハネジロペンギンと呼ばれる。

ニュージーランド南島で。（N）

12

May

風の国

Gentoo Penguin

フォークランド諸島は、しばしば強風が吹きぬける〝風の国〟だ。小石さえ飛ばす烈風のなかを、体を傾けて前進するジェンツーペンギン。

フォークランド諸島、シーライオン島で。(M)

13

May

温暖化がもたらす雪

Gentoo Penguin

雪の中にたつジェンツーペンギン。南極半島周辺では、海水温が上昇して蒸発量が増え、それが大量の降雪となって降るようになった。さらに気温があがれば、雪は雨となって、氷床をいっそうとかす懸念もある。

サウスシェトランド諸島、リビングストン島で。(M)

14

May

太陽に背をむけて

Galapagos Penguin

赤道直下のガラパゴス諸島に生息するガラパゴスペンギン。とりわけ脂肪層の薄い、つまりは血管が体表に近い翼が強い日ざしを受けるのをさけて、太陽に背をむけてすごす。

イサベラ島で。(Joseph Dube-Arsenault/Shutterstock.com)

15

May

紺碧

Snares Penguin

ハシブトペンギンが生息するスネアーズ諸島は、南太平洋とタスマン海の境界に浮かぶ絶海の孤島。近辺は高緯度の、たえず荒れる海域で、海面から見る海は暗い青色に見える。しかし水中で眺めるなら、鮮やかな青が広がっていた。

スネアーズ諸島で。(N)

16

May

シャワー

Rockhopper Penguin

フォークランド諸島の各所にある断崖では、所々で水が湧き出ており、小さな滝のように水が滴り落ちている。

イワトビペンギンは海から戻ってくると、その水を浴びる。

そのさまは、シャワーを浴びる人間と変わらない。どの個体も念入りに水を浴びて塩気を落としていた。

フォークランド諸島、ソーンダース島で。(N)

17
May

厳しい現実
Rockhopper Penguin

ニュージーランド領キャンベル島に生息するヒガシイワトビペンギンは、一九四〇年代と比較して個体数が九七％減少した。本種に限らず、多くのペンギンが環境変動の影響を受けており、彼らの未来はけっして明るいとは言えない。

オークランド諸島、オークランド島で。（N）

18

May

波のなかのオウサマペンギン

King Penguin

外海に面したサウスジョージア島のソールズベリー平原は、波が高い日にはボートでの上陸がむずかしくなる。
何とか上陸を試みた日、ますます高くなる波のために、すぐに母船に帰ることになったが、その直前に撮影した一枚。

サウスジョージア島、ソーズルベリー平原で。(M)

19
May

踵を返して

King Penguin

おそるおそる海に入ったオウサマペンギンが、ふいにいっせいに飛び出してきた。
この海岸ではオタリアがときおりペンギンを襲い捕食することがあるため、捕食者に対して極度に敏感になっていたのかもしれない。

フォークランド諸島、ボランティア岬で。（N）

20

May

体温調節のために

Magellanic Penguin

このマゼランペンギンを含むフンボルトペンギン属のペンギンたちの、目の上で露出した皮膚は、皮下の血管から熱を放って体温調節に役だてられている。

フォークランド諸島、シーライオン島で。
(Ondrej Prosicky/Shutterstock.com)

21

May

熱帯まで分布

Humboldt Penguin

赤道直下に暮らすガラパゴスペンギンについで、もっとも低緯度にまで分布するフンボルトペンギン。もっとも大きな繁殖地は、南緯一五度のペルー、サンファン岬にある。

(Kletr/shutterstock.com)

22
May

氷上のアデリー
Adelie Penguin

繁殖地を離れて広い海で採餌を行うアデリーペンギンたちは、ときおり海氷上にあがって、休息をとる。
温暖化のために南極半島西岸に広がるベリングハウゼン海の海氷が少なくなっていることが、彼らの暮らしに影響を与えはじめている。

サウスシェトランド諸島沖で。(M)

23

May

大海原のヒゲペンギン

Chinstrap Penguin

繁殖地を離れたヒゲペンギンは、南極海をはるか北方まで回遊しながらナンキョクオキアミを捕食する。

サウスシェトランド諸島沖で。(M)

24

May

繁殖地へ

Emperor Penguin

南極に初冬が訪れる頃、これまで海洋生活をおこなったコウテイペンギンが、繁殖地にむかって移動しはじめる。オスならば、これから厳寒の冬を通して卵を温めつづける試練が待ち受けている。

南極、ウェッデル海で。(M)

25

May

マオリの名

Yellow-eyed Penguin

キンメペンギンの存在はニュージーランドの先住民族マオリにも知られており、マオリの人びとはHoihoと呼ぶ。現在、彼らの姿はニュージーランドの紙幣にも描かれ、広く知られる存在になっている。

(Frank Fichtmueller/Shutterstock.com)

26

May

動物園や水族館で

Humboldt Penguin

動物園や水族館でよく見ることができるのが、このフンボルトペンギン。
人里が近いところに生息するために、かつては捕獲しやすかったからだろうが、けっして個体数は多くない。現在四万羽程度、絶滅危惧種でもある。

(Douglas725/Shutterstock.com)

27

May

珍しく群れで

Yellow-eyed Penguin

コロニーで集団営巣するペンギンが多いなか、キンメペンギンはペア単独で営巣を行う。そのため、複数の個体がまとまっているのを目にする機会はあまり多くない。

オークランド諸島、エンダビー島で。（N）

28

May

長い繁殖期

Cape Penguin

求愛を行うケープペンギンの番い。比較的低緯度に分布するケープペンギンは、ほぼ一年中いつでも繁殖、育雛を行う。

南アフリカ、ボルダーズビーチで。(M)

29

May

ペンギンの王様

King Penguin

一七七五年、キャプテンクックがサウスジョージア島を発見したときに、このペンギンが発見された。当時知られていたペンギンのなかで最大だったこの種はKing Penguinと名づけられたが、二〇世紀になって、Emperor Penguinと名づけられることになる、さらに大きなペンギンが発見された。

フォークランド諸島、ボランティア岬で。（M）

30
May

定着氷の奥懐で

Emperor Penguin

繁殖地に集まったコウテイペンギン。
この頃生まれる卵を、これからはじまる厳寒の冬の二か月間、オスがあたためつづける。

南極、ロス海で。
(Auscape/Universal Images Group/Agefotostock.,com)

31

May

氷上への帰還

Emperor Penguin

海面を割る水音が響いたかと思うと、海中からコウテイペンギンがつぎつぎに飛びだした。氷上に帰還すると、大急ぎで氷縁を離れる。

このとき、氷縁を離れるのが遅れた一羽は、ふいに海中から体を乗りだしたヒョウアザラシの歯で、海中にひきこまれた。

南極、ロス海で。(M)

1
June

鏡面
Cape Penguin

潮が引いた砂浜にわずかに残った水が、砂浜を鏡に変えた。一羽のケープペンギンが、砂に映る自分自身の姿を不思議そうに見つめる。砂に写る自身の姿はどのように映ったのだろう。

南アフリカ、ケープ半島にて。(N)

2

June

夕暮れに立つ

King Penguin

南緯五二〜五三度に浮かぶフォークランド諸島の初冬。短い昼はまたたく間にすぎ、太陽が西の空を赤く染めて沈んでいく。

ボランティア岬で。
(Giedriius/Shutterstock.com)

3

June

一気に海中へ

Adelie Penguin

何がきっかけになるのだろう。氷の上で休んでいたアデリーペンギンの群れが、一気に海中に飛びこんでいく。氷縁部にはヒョウアザラシが姿を潜ませていることが多く、この捕食者による被害を最小限にするためか。南極半島沿岸で。(NaturesMomentsuk/Shutterstock.com)

4

June

ロケットのように

Rockhopper Penguin

猛烈な勢いで引く潮に逆らうように、イワトビペンギンが陸地にむかって飛び跳ねる。ペンギンが跳ね飛んだ瞬間、足元にあった水が弾け散った。

フォークランド諸島、ソーンダース島で。(M)

5

June

虹

Rockhopper Penguin

イワトビペンギンが営巣する崖の斜面で撮影していたときのこと、通り雨があった。やがて東の空に虹。七色の彩りと、ペンギンの黒と白との対比が目を奪った。

フォークランド諸島、ソーンダース島で。（N）

6
June

静かなペンギン
Yellow-eyed Penguin

多くのペンギンは鳴き交わしをすることでコミュニケーションをとる。
一方キンメペンギンは、じつに静かなペンギンで、彼らの鳴き交わしはほとんど聞かない。

ニュージーランド南島、オタゴ半島で。
(Bildagentur Zoonar GmbH/Shutterstock.com)

7
June

寒流のなかの島じま

Galapagos Penguin

ガラパゴス諸島は赤道直下にありながら、南米大陸の太平洋岸を北上する寒流ペルー海流が赤道近くでむきを西に変えた赤道海流と、その深層にあって、西から東に流れるクロムウェル海流がもたらす恵みに支えられている。

ガラパゴス諸島、イサベラ島で。
(Wildestanimal/Shutterstock.com)

8
June

海中を翔ぶ
King Penguin

強力な翼を櫂にして、海中を素早く駆けぬけるオウサマペンギン。羽毛の間に含まれていた空気が、細かな気泡となってたちのぼっていく。(M)

9
June

雪のなかで
King Penguin

冬がはじまると、オウサマペンギンのヒナたちは、頻繁には餌がもらえない時期がつづく。そのため、この頃にまだ十分に成長していないヒナは生き残ることがむずかしい。

サウスジョージア島、ソールズベリー平原で。(M)

10

June

スポットライト

Cape Penguin

日が傾き、岩場が影のなかに沈みはじめた時刻、茂みのなかに一羽のケープペンギンを見つけた。刻々と変化する太陽の最後の光が岩場に射した瞬間、スポットライトを浴びたようにペンギンの姿が浮かびあがった。

南アフリカ、ケープ半島で。(N)

11
June

頭を掻く
Cape Penguin

体の多くの部分の羽づくろいはくちばしで行うが、頭部はくちばしが届かないために脚で行う。尾脂腺からの油分を羽毛に塗るのは、海に生きる鳥類にとって欠かせない作業である。

南アフリカ、ボルダーズビーチで。(M)

12

June

蒼海のなかで

Snares Penguin

海中を縦横に駆けまわるハシブトペンギンの一群。ペンギンが観察されるのは陸上がほとんどだが、彼らの暮らしの多くは、海面下で演じられている。

スネアーズ諸島で。(N)

13
June

海岸への帰還

Little Penguin

日が暮れる頃、海での餌とりから
帰ってきたコガタペンギン。

南オーストラリア、カンガルー島で。（M）

14
June

脂肪の防寒具
Emperor Penguin

極寒に生きるコウテイペンギンは、たっぷりと脂肪をためている。近縁のオウサマペンギンの体重が一二〜一四キロ程度であるのに対し、コウテイペンギンの体重は三八キロにも達する。

南極、ウェッデル海で。(M)

15

June

ブリザードのなかで

Emperor Penguin

卵を足の上にのせて温めつづけるコウテイペンギンのオスたち。密集したハドルを形成して、烈風や吹雪に耐える。

(F. Olivier/HHH/Minden Pictures/Agefotostock.com)

16

June

好奇の目

Royal Penguin

ロイヤルペンギンは好奇心が強いペンギンだが、その性は水中にいてもあまり変わらない。水中撮影を行っていると、カメラの目前まで近寄って、まじまじとレンズを見つめていた。

マッコーリー島で。(N)

17

June

小競りあい

Royal Penguin

一見温和に見えるペンギンだが、コロニーや多数の個体が集まる場所では意外に小競りあいが多い。このときも、海から浜に戻ったばかりのロイヤルペンギンが、波打ちぎわで立ちどまり喧嘩をはじめた。

マッコーリー島で。(N)

18
June

夕暮れに謳う
Magellanic Penguin

西の地平線に近づいた太陽が、マゼランペンギンの営巣地を赤く染めあげる時刻。
ロバの鳴き声にも似たペンギンたちの声が、初冬の風に渡っていく。
(Ondrej Prosicky/Shutterstock.com)

19
June

大西洋をはさんで

Cape Penguin

ケープペンギンはアフリカ大陸に、マゼランペンギンは南米大陸を中心に生息する。大西洋をはさんで対岸にすむ二種だが、外見のみならず行動にも共通点が多い。両種ともに夕暮れどきになると頻繁に鳴き交わしを行うのもその例である。

南アフリカ、ケープ半島で。（N）

20

June

氷のプリズム

Adelie Penguin

氷山に休むアデリーペンギンたち。氷塊は、射しこむ太陽光をプリズムのように拡散させ、七色のなかの「青」の光を浮かびあがらせる。

南極、ウェッデル海で。(M)

21
June

アデリーペンギンの冬
Adelie Penguin

アデリーペンギンの多くは冬期も流氷がある海域にとどまり、ナンキョクオキアミやイカなどを追って暮らすが、一部の放浪個体はさらに北方の氷がない海域まで採餌旅行に出かける。

サウスシェトランド諸島沖で。(M)

22
June

小春日和
King Penguin

フォークランド諸島に吹きぬける風がやみ、空をおおっていた雲が割れて、暖かな日射しが射しはじめたひととき。

ボランティア岬で。(M)

23
June

オタリアのいる海岸

King Penguin

風が吹きぬけるなか、隊列をなして歩くオウサマペンギン。この海岸では、多くのオウサマペンギンがオタリアに襲われて命を落としている。

フォークランド諸島、ボランティア岬で。（M）

24
June

行動の変化
Cape Penguin

陸上では好奇心の強いケープペンギンも、水中では警戒心が強い。砂浜では肌に触れるほどまで接近するペンギンたちが、水中では遠巻きにこちらを見るだけで、ときおり近くに偵察にくるだけだ。

南アフリカ、ケープ半島で。(N)

25

June

ヒナの観察

Cape Penguin

ケープペンギンは、他の種類とは異なり周年繁殖をする。そのため観察が、南半球の初夏から秋口に限られる種が多いペンギンたちのなかで、周年ヒナが観察できる希有な種である。

南アフリカ、ケープ半島で。(N)

26
June

マイナス一・八度

Gentoo Penguin

ベリングハウゼン海に遊ぶジェンツーペンギン。ときにマイナス三〇度、四〇度と凍てつく気温に対して、海水温はいくら下がってもマイナス一・八度。陸上にくらべればはるかに穏やかな南極の海中に育まれる恵みが、ペンギンたちの胃袋を支えている。

(vladsilfer/Shutterstock.com)

27
June

出たり入ったり

Gentoo Penguin

氷上から海に飛びこんでは、ふたたび海中から氷上へ。育雛に忙しい繁殖の季節をおえたジェンツーペンギンたちの穏やかなひととき。

ベリングハウゼン海で。
(Thelma Amaro Vidales/Shutterstock.com)

28
June

もっとも速い泳ぎ手
Adelie and Gentoo Penguin

アデリーペンギンの群れに混じって泳ぐジェンツーペンギン。ジェンツーペンギンの泳ぎは時速三五キロに達し、もっとも速く泳ぐペンギンといわれている。

サウスシェトランド諸島沖で。(M)

29
June

海岸に上陸

Gentoo Penguin

岩場や氷山なら、海中から飛びあがって帰還するジェンツーペンギンも、砂浜なら打ち寄せる波のあいまをぬって、海岸を駆けあがっていく。

フォークランド諸島、シーライオン島で。(M)

30

June

氷山の故郷

Chinstrap Penguin

氷山に立つヒゲペンギン。南極大陸が深く入りこみ、広大な氷床が広がるウェッデル海は、ロス海とともに巨大な氷山がつぎつぎに生みだされる、〝氷山の故郷〟でもある。

(Alexey Suloev/Shutterstock.com)

1

July

氷に沈む夕陽

Adelie Penguin

長い夜がはじまる時刻。
残照のなかに、アデリーペンギン
のシルエットが浮かびあがる。

南極半島沿岸で。(M)

2 July

珪藻を育む〝畑〟

Adelie Penguin

海氷上に休むアデリーペンギン。
南極海に広がる海氷は、その裏面に珪藻類を繁茂させ、その珪藻類がナンキョクオキアミの餌になる。海氷は、南極の海洋生態系を支える広大な〝畑〟といっていい。

南極半島沿岸で。(M)

3
July

霧雨
Yellow-eyed Penguin

天気が悪く霧雨が降る日は、晴天の日とくらべてキンメペンギンは活動的で目にする機会も多い。ニュージーランド本土のはるか南方海上に浮かぶオークランド諸島は、雨が多いことでも知られる地だ。

オークランド諸島、エンダビー島で。(N)

4
July

北限
Yellow-eyed Penguin

キンメペンギンは、ニュージーランド南島のバンクス半島近くを北限として分布する。
近年、北限近くでの個体数の激減が報告され、今後数十年のあいだに北限近くの個体群が消滅してしまうのでは、との懸念がもたれている。

(Michael Smith ITWP/Shutterstock.com)

5
July

興味津々
Cape Penguin

砂浜で撮影していると、二羽が接近してレンズを覗きこむ。レンズに写る自身の姿に興味をひかれたのだろうか。

南アフリカ、ボルダーズビーチで。
(Mike Korostelev/Shutterstock.com)

6

July

水をはらう

Cape Penguin

海からあがったケープペンギンが体を小刻みにふるわせて、羽毛についた水をはらう。ペンギンの動きにあわせて、細かな水滴が宙に躍った。

ボルダーズビーチで。（M）

7
July

寒流がもたらす恵み
Galapagos Penguin

ふだんは豊かな寒流がもたらす恵みに支えられているガラパゴスペンギンも、いったんエルニーニョ現象が発生すると、ガラパゴスアシカやガラパゴスオットセイ、その他の海鳥たちとともに、ことごとく子育てや育雛に失敗することになる。

イサベラ島、エリザベス湾で。
(Lisa E. Perkins/Shutterstock.com)

8

July

自在に

Snares Penguin

海中を泳ぎまわるハシブトペンギンの群れ。
その速さは、地上を歩くときと比較にならない。
群れが賑やかに泳ぎ去った後、羽毛の間から漏れ出た小さな空気の泡が海中に漂っていた。

スネアーズ諸島で。(N)

波のなかから

Rockhopper Penguin

イワトビペンギンが上陸する岩場には、絶えず波が打ちつける。ペンギンたちは波のタイミングを見はからって上陸を試みるが、足が岩場に着いても、押し寄せる波にさらわれることもある。岩場にたどり着いた後、波が寄せない場所まで全力で駆けぬける。

フォークランド諸島、ソーンダース島で。(N)

10

July

家路

Rockhopper Penguin

夕方、イワトビペンギンの一群が島に戻ってきた。日中、漁に出かけていた親鳥たちだろう。お腹を空かせたヒナのもとに急ぐべく、飛び跳ねながら高速で泳いでいた。

フォークランド諸島、ソーンダース島で。（N）

11
July

目路の限りに
King Penguin

亜南極に点在するオウサマペンギンがすむ島じまも、それぞれの緯度は多少異なる。南緯四六度、南極前線のほぼ真上に位置するフランス領クロゼ諸島では、おそらく温暖化のためだろう、大きく個体数を減らしているのに対して、南緯五三～五四度、南極前線の南に位置するサウスジョージア島では、いまのところその危惧は見られない。

サウスジョージア島、ソールズベリー平原で。(M)

12

July

風が運ぶ匂い

King Penguin

海岸に集うオウサマペンギンたち。多くのペンギンたちが営巣、育雛を行う夏期には、渡る風が運ぶ鳥たちの糞の強い匂いも、この季節にはずいぶん少なくなる。

サウスジョージア島、ストロムネスで。(M)

13
July

巨大氷山の影
Chinstrap Penguin

南極大陸に降りつもった雪が厚い氷の板となって海に押しだされ、海面をおおう広大な棚氷。それが割れて海に流れだすと、南極特有の卓状氷山になる。高さ三〇メートル超、海面近くに休むヒゲペンギンの群れが、氷山の巨大さを伝えている。

南極、ウェッデル海で。
(Mogens Trolle/Shutterstock.com)

14

July

晩冬の燭光

Emperor Penguin

五月に生まれたコウテイペンギンの卵は、厳寒の冬の二か月ほどオスによって温められる。まもなくヒナが孵化する季節。そのころメスが海から繁殖地に帰ってくると、オスはようやく餌とりに出かけることができるようになる。

南極、ロス海で。(Auscape/Universal Images Group/Agefotostock.com)

15
July

南極の光
Adelie Penguin

南極大陸は大きいために、とりまく海岸線はせいぜい南緯六四～六五度あたり。真冬でも太陽が一日姿を消してしまうことはない。鋼青の光が、凍てつく大気を通して氷の世界を照らしだす。

南極半島沿岸で。
(Stu Shaw/Shutterstock.com)

16

July

蒼氷

Gentoo Penguin

蒼く光を放つ氷山の上に立つ
ジェンツーペンギン。
流れる風は、鉱物のような鋭さで、
眺める私の頬を突き刺していく。

南極半島沿岸で。
(K Ireland/Shutterstock.com)

17

July

影絵

Gentoo Penguin

茜色の染まる空を背景に、小競りあいを行うジェンツーペンギンたち。
影絵のような世界を楽しむ間に、背景の光は朱色から葡萄色へ、さらには菫色へと彩りを落としていく。

フォークランド諸島、シーライオン島で。（M）

18

July

曲がらない体

Rockhopper Penguin

鳥類は脊椎骨が癒合しているために、体を大きく曲げることができない。

羽づくろいをしたり、体の一部を掻いたりするときには、なかなかに窮屈そうな格好になる。

フォークランド諸島、ソーンダース島で。(N)

19
July

ミナミジェンツーペンギン
Gentoo Penguin

フォークランド諸島や、オーストラリア領マッコーリー島など亜南極の島じまに生息するキタジェンツーペンギンに対して、南極半島やサウスシェトランド諸島に生息するのは別亜種ミナミジェンツーペンギンに分類される。

サウスシェトランド諸島、リビングストン島で。(M)

20
July

交錯する泡

Gentoo Penguin

ミサイルのように海中を駆けぬけるペンギンたちの動きは、陸上を剽軽に歩く姿からは想像することさえむずかしい。

一瞬目の前を、何かが横切ったかと思うと、そのあとに見えるのは海中にたちのぼる泡だけ。(M)

21

July

日帰り旅行

Magellanic Penguin

夕方の海岸にたたずむマゼランペンギン。外洋を泳ぎまわり何日間もの採餌旅行を行うペンギンたちが多いなかで、マゼランペンギンは日中に採餌を行い、夕方には陸に帰ってくる。

フォークランド諸島、シーライオン島で。(M)

22

July

憂い

White-flipper Penguin

ニュージーランドにはさまざまな哺乳類が人によって持ちこまれ、それらが野生化して、固有の動植物に壊滅的な被害をおよぼしている。

ハネジロペンギンもその被害者だが、もともと生息地が限られ、個体数もあまり多くないために、状況はいっそう深刻である。

ニュージーランド南島で。(N)

23

July

潮だまりで

Royal Penguin

干潮時、潮だまりの水は外洋から切りはなされ、波もなく静穏になる。それを知ってか、多くのロイヤルペンギンが潮だまりに浸かり、波に翻弄されることもなく羽づくろいを行う。

マッコーリー島で。（N）

24
July

あと少し
Royal Penguin

ロイヤルペンギンの成鳥は顔と喉が完全に白い羽毛におおわれるが、若い個体ほど黒い羽毛の割合が高い。
この個体の、喉や目の周囲にある黒い羽毛の残りぐあいを見れば、成鳥まであと少しといったところだろう。

マッコーリー島で。(N)

25
July

岬のペンギン
King Penguin

フォークランド諸島のボランティア岬は、人里(フォークランド諸島の首都であるスタンレーの町)から陸路で訪れることができる唯一の、オウサマペンギンのコロニーがある場所である。(M)

26

July

風に吹かれて

King Penguin

密集して寒さに耐えるオウサマペンギンのヒナたち。彼らがまとう長い幼綿羽を草原の草のようになびかせて、疾風が渡っていく。

フォークランド諸島、ボランティア岬で。(M)

27

July

短い足で

Magellanic Penguin

顔を掻くマゼランペンギン。一見短く見えるペンギンの足だが、見えているのは〝膝〟から下の部分にあたる。〝膝〟から上、すなわち大腿骨は体内におさまっている。

フォークランド諸島、ソーンダース島で。(M)

28
July

タスマン海の波
Fjordland Penguin

キマユペンギンがすむのは、タスマン海に面したニュージーランド南島の南西部。泡立った波が浜を洗うなか、海から戻ってきた三羽は上陸後、引波と砂に足を取られながらも、一気に波が寄せない場所まで浜を駆けのぼった。

ニュージーランド南島、ウエストランドで。(N)

29

July

大海原を遊弋する

Chinstrap and Gentoo Penguin

海面を波だてて、跳ね泳ぐヒゲペンギンの群れ。そのなかで鮮やかな赤が目をひいたのは、混じっておよぐジェンツーペンギン（最後尾）のくちばし。

サウスシェトランド諸島沖で。（M）

30

July

鋭い爪で

Adelie Penguin

海面から高い氷山に飛びあがろうとするアデリーペンギン。スパイクのように鋭い爪で氷壁にとりついて、一気に這いあがった。

南極、ウェッデル海で。(M)

31

July

コウテイとアデリー

Emperor and Adelie Penguin

繁殖地から海にむかうコウテイペンギンの隊列。列の間を割って、一羽のアデリーペンギンが横切る。

南極、ロス海で。(M)

1

August

舞う雪に立つ

King Penguin

舞う雪のなかに、オウサマペンギンがあげる管楽器に似た声が響く。

フォークランド諸島、ボランティア岬で。(M)

2

August

一瞬の日射し

King Penguin

空が蒼鉛色の厚い雲におおわれた日。
一瞬、雲の切れ間から射しこんだ太陽の光が、海岸を行進するオウサマペンギンたちの影を砂浜に落とした。

フォークランド諸島、ボランティア岬で。(M)

3

August

挨拶か威嚇か

King Penguin

隣あって立つペンギンたちは、常にくちばしを交わしあったり、つつきあったり。隣人との交渉にいそしむオウサマペンギンたち。

サウスジョージア島、ソールズベリー平原で。（M）

4

August

極地の天気

Adelie Penguin

海岸にせりだした氷塊のうえに集まるアデリーペンギンたちに、日が射したかと思うと、次の瞬間暗雲に包まれる。ときには、ふいに黒雲がわいて、一瞬にして吹雪に包まれることもある。

南極半島の先端に近いブラウンブラフで。(M)

5

August

逆巻く波

Rockhopper Penguin

イワトビペンギンの営巣地は、ときに荒波が打ち寄せる崖の上にある。
海から帰還するペンギンたちは、逆巻く波のなかで翻弄されながら、岩場に上陸する機会をうかがう。

フォークランド諸島、ソーンダース島で。(M)

6

August

上陸

Rockhopper Penguin

岩礁に打ち寄せる波にのって、岩場に上陸したイワトビペンギン。一気に崖の斜面を駆けあがっていく。

フォークランド諸島、ソーンダース島で。(M)

7

August

ボルダーズビーチ

Cape Penguin

南アフリカ、ケープタウンの郊外にあるボルダーズビーチ。ケープペンギンの暮らしぶりが、遊歩道から観察できる観光地になっている。

(matthieu Gallet/Shutterstock.com)

8
August

カメラにむかって

Cape Penguin

好奇心の旺盛なケープペンギンが、カメラのレンズを覗きこむ。

南アフリカ、ヘルマナスの町に近いベティス湾のストーニー岬で。
(Quality Master/Shutterstock.com)

9

August

ターコイズブルー

Magellanic Penguin

白砂のビーチに立つマゼランペンギン。
背後の海はターコイズブルーで、さながら熱帯の海のさまだ。
しかし海水温は低く、ケルプが生い茂る、一見不思議な光景。

フォークランド諸島、カラカス島で。（N）

10

August

すぐれたダイバー

King Penguin

オウサマペンギンは、ハダカイワシ類を中心に魚類を捕食する。そのために三〇〇メートル以上潜るすぐれたダイバーである。しかし夜間は魚が浅い場所へ移動するため、もっと浅い潜水を行うのが常だ。(M)

11
August

幼いヒナ
Emperor Penguin

五月に産まれたコウテイペンギンの卵は、親鳥の足の上でおよそ二か月間温められて孵化する。幼いヒナは、親鳥の下腹部にある抱卵斑のなかで守られて育てられる。

ウェッデル海、スノーヒル島で。(M)

12

August

氷山の影で

Emperor Penguin

定着氷（海の水が凍ったもの）の間に閉じこめられた巨大な氷山（南極大陸から流れ出たもの）。コウテイペンギンの繁殖地は烈風をさけて、こうした氷山の影につくられる。

南極、ロス海で。
(Mario_Hoppmann/Shutterstock.com)

13

August

縞模様の効用

Magellanic Penguin

このマゼランペンギンを含むケープペンギン属の獲物は、主にアンチョビーなどの群集性の小魚たち。ペンギンたちは魚群のまわりを高速で泳ぎまわりながら、魚群をついばんでいく。そのとき、交錯するペンギンたちの黒と白の模様が、逃げ惑う魚の視覚を惑わせる。

アルゼンチン、バルデス半島で。(M)

14

August

とりまく危機

Humboldt Penguin

低緯度の、人の生活場所に近い場所に生息するフンボルトペンギンは、近年では生息地の消失、漁業による餌資源の乱獲、海の汚染などで個体数が激減している。(M)

15

August

キンメペンギンをめぐる諸問題

Yellow-eyed Penguin

キンメペンギンは南半球の春から夏にかけて繁殖を行う。分布域北限に近いニュージーランド南島中部では、近年、夏の猛暑の影響でヒナが死ぬ例が多く報告されている。

さらに、人里近い場所では、移入動物による捕食がこのペンギンの将来に暗い影を投げかけている。

(Frank Fichtmueller/Shutterstock.com)

16

August

別の個体群では

Yellow-eyed Penguin

同じキンメペンギンでも、ニュージーランド本土のはるか南方に浮かぶ亜南極諸島にすむ個体群には、猛暑や移入動物の問題は発生しておらず、個体数は安定している。

オークランド諸島、エンダビー島で。(N)

17

August

海氷に休む

Adelie Penguin

採餌のために南極海を泳ぎまわるアデリーペンギンが海氷上で休んでいたひととき。船の接近に驚いて、氷上を駆けだしていく。

ベリングハウゼン海で。(M)

18

August

南極半島での苦戦

Adelie Penguin

南極半島は、地球上でも温暖化の影響をもっとも強く受けている場所のひとつ。
アデリーペンギンが海での餌とりの間に休むことができる海氷が、南極半島西岸のベリングハウゼン海で少なくなっていることも、この地域でアデリーペンギンが個体数を減らしている原因のひとつになっている。

ベリングハウゼン海で。(M)

19

August

羽づくろい

Royal Penguin

海から戻ってきたロイヤルペンギン。彼らはすぐに上陸せず、しばらく海に浮かびながら羽づくろいを行うことが多い。

マッコーリー島で。(N)

20

August

好奇心

Royal Penguin

水中撮影中、一羽のロイヤルペンギンが近づいてきた。カメラに興味があるようで、しばらくカメラを見つめていたが、そのうちくちばしでカメラを触れはじめ、挙句の果てにはカメラを構える私の指もくちばしで触れはじめた。

マッコーリー島で。(N)

21
August

朝の海へ

Gentoo Penguin

朝の澄んだ大気が海岸を包む時刻、まだ早朝の赤みをおびた光のなかで、海に出かけるジェンツーペンギンたち。打ち寄せる波にむかって駆けだしていく。

フォークランド諸島、シーライオン島で。(M)

22

August

せめぎ合い

Gentoo Penguin

スノーケリングで水中撮影を行っていたとき、ジェンツーペンギンが恐る恐る接近してきた。ボートからの観察者はともかく、はじめて見たであろうダイバーの姿に興味はあるものの近寄るべきか否か、好奇心と警戒心がせめぎあっているようだった。

南極半島沿岸のクーバービル島で。（N）

23
August

翼を後方に突きだして

Gentoo Penguin

大小の氷山が打ちあげられた海岸に、餌とりからかえったジェンツーペンギンが上陸する。翼を後方に突きだし、体をやや前傾させて歩く、このペンギンならではの風姿で。

南極半島沿岸のクーバービル島で。(M)

24

August

氷山の造形

Gentoo Penguin

海に流れ出た氷山は、風と波によってさまざまな造形を見せる。そこにペンギンたちの姿が加われば、いつも一幅の絵だ。

ベリングハウゼン海で。
(Ronsmith/Shutterstock.com)

25

August

ケルプも生えない

Snares Penguin

海からいっせいに上陸するハシブトペンギン。

この付近ではペンギンが上陸する場所が限られているせいか、多数のペンギンが同じ岩場を繰りかえし通る。そのため、通常は波打ち際をおおうケルプもここだけは生えていない。

スネアーズ諸島で。（N）

26

August

吠える四〇度

Snares Penguin

ハシブトペンギンが世界で唯一繁殖するスネアーズ諸島は、南緯四八度に位置する。まわりは、かつての船乗りたちが「吠える四〇度」とたとえ恐れた、途切れることなく西寄りの卓越風が吹き荒れる海域である。

(Janelle Lugge/Shutterstock.com)

27

August

森のペンギン

Fiordland Penguin

キマユペンギンは、森のなかで営巣する稀有なペンギンである。陸に戻ったペンギンは波の当たらない場所で羽づくろいをすると、森の中に消えていく。彼らの姿が見られるのは、森と砂浜を行き交う一瞬に限られる。

ニュージーランド南島、ウエストランドで。(N)

28

August

警戒心

Fiordland Penguin

キマユペンギンは非常に警戒心が強い。

上陸時は捕食者に襲われる危険が高いせいか、彼らは浜に少しでも人影が見えると上陸しない。

近年ではイヌやオコジョなど外来動物に襲われ、命を落とすことも多い。

ニュージーランド南島、ウエストランドで。(N)

29

August

ナンキョクオットセイとともに

King Penguin

オウサマペンギンの一大繁殖地であるサウスジョージア島は、四〇〇万頭をこえるナンキョクオットセイの繁殖地でもある。歩く途中に出会ったナンキョクオットセイの子供を威嚇するオウサマペンギン。

サウスジョージア島、ストロムネスで。
(Bruce Wilson Photographer/shutterstock.com)

30
August

とりまく海の豊かさ
King Penguin

サウスジョージア島は南極前線の南側に位置し、付近は南極大陸からの豊かな深層流が湧昇する海域にあたる。この島のあふれるほどの動物たちは、とりまく海の豊かさに支えられている。

セントアンドリューズ湾で。(M)

31

August

氷上の皇帝

Emperor Penguin

近縁の（一見姿形が似る）オウサマペンギンにくらべて、コウテイペンギンの首やくちばし、翼が短いのは、体表面積を少なくして、極寒の地で体温をできるだけ失わないためだ。

ウェッデル海、スノーヒル島沖で。（M）

1

September

跳躍

Rockhopper Penguin

イワトビペンギンはその名の通り、岩場を移動するときによく飛び跳ねる。
撮影地では、多くのペンギンたちが一〇〇メートルほどの崖を昇り降りを繰りかえす。崖にはところどころにペンギンの爪痕があり、長年同じ場所を彼らが行き交ってきたことがうかがえる。

フォークランド諸島、ソーンダース島で。(N)

2
September

寒空の下で
Rockhopper Penguin

寒空の下で並んで立つイワトビペンギンの番い。背景に立つのはキバナウ。フォークランド諸島の多くの場所で、イワトビペンギンのコロニーに混じって営巣する。

フォークランド諸島、ドルフィン岬で。(M)

3

September

イワトビペンギンの消長

Rockhopper Penguin

フォークランド諸島のイワトビペンギンは、二〇世紀の後半に温暖化等による海水温の上昇と、それにともなう餌資源の減少によって激減したが、今世紀に入ってから比較的安定、あるいは場所によっては増加しているコロニーも見られる。(二〇一五〜一六年の繁殖期は、餌不足で多くの個体が餓死した。)

フォークランド諸島、ソーンダース島で。(M)

4

September

長い首と翼

King Penguin

南極大陸より緯度の低い亜南極の島じまにすむオウサマペンギンは、厳寒の地にすむコウテイペンギンにくらべて体全体が細く、くちばしや首、翼も長い。

フォークランド諸島、ボランティア岬で。（M）

5

September

親鳥を追う

King Penguin

海での餌とりから親鳥が帰ってきても、すぐに給餌がはじまるわけではない。親鳥はしばらく歩きまわり、ヒナをついてこさせたあと、ようやく立ちどまると給餌がはじまる。

フォークランド諸島、ボランティア岬で。(M)

6

September

親鳥の足の上で

Emperor Penguin

二か月にわたって卵が温められた後に孵化したコウテイペンギンのヒナ。

親鳥の腹部のたるんだ皮膚でおおわれて寒さから守られる。

ウェッデル海、スノーヒル島で。(M)

7

September

つま先を浮かせて

Emperor Penguin

コウテイペンギンの親鳥は氷面に爪をたて、つま先を浮かせた足の上で幼いヒナを育てる。

ウェッデル海、スノーヒル島で。(M)

8

September

渡りをするかしないか

Magellanic Penguin

南米チリの太平洋岸から、アルゼンチン南部の大西洋岸、フォークランド諸島に分布するマゼランペンギン。

緯度の高い南部に分布するものは非繁殖期には渡りを行うが、緯度の低い北部に分布するものは周年繁殖地で観察される。

フォークランド諸島、シーライオン島で。(M)

9

September

南半球の春

Magellanic Penguin

九月に入ると、アルゼンチン、バルデス半島でも昼はずいぶん長くなりはじめる。
南半球の春の遅い午後、海での餌とりの最中、ふいに海岸に上陸したマゼランペンギン。

バルデス半島、プンタノルテで。（M）

10

September

光芒が描く風景

Gentoo Penguin

気まぐれに移ろう雲の間から、遅い午後の太陽が幾条かの光になってさしこんだひととき。流れる風がペンギンたちの賑やかな声を運んでいく。

フォークランド諸島、シーライオン島で。
(田谷光宏)

11

September

黄昏に立つ

Cape Penguin

沈みゆく太陽が、空を茜色に染めた時刻。
海にむかって立つケープペンギンの姿がシルエットになって浮かびあがる。

南アフリカ、ケープタウン郊外で。
(Steffen Foerster/Shutterstock.com)

12

September

南極の春

Adelie Penguin

南極に春が訪れると、最初に繁殖地に帰ってくるのはアデリーペンギン。
しかし、あたりをおおう雪と氷がとけるまで、営巣ははじめられない。

南極半島先端に近いポーレット島で。(M)

13

September

地面が露出すれば

Adelie Penguin

丘の上や高台は、吹きぬける風のために、最初に雪がなくなる場所になる。
アデリーペンギンたちは、こうした場所から巣づくりをはじめる。

ポーレット島で。（M）

14

September

給餌ふたたび

King Penguin

冬のあいだ、あまりヒナに給餌を行わないオウサマペンギンも、南半球が春をむかえる九月になるとふたたび頻繁に給餌をはじめる。

フォークランド諸島、ボランティア岬で。(N)

15

September

大合唱

King Penguin

オウサマペンギンたちが首をのばし、天をあおいで管楽器の音色のような声を響かせる。何万羽ものペンギンが集まる海岸では、彼らの発する声が大きなうねりとなってまわりの山やまに木霊する。

サウスジョージア島、セントアンドリューズ湾で。(M)

16
September

アデリーのトボガン
Adelie Penguin

新雪の上をトボガンで進むアデリーペンギン。
「トボガン」とはカナダの先住民がつかった橇(そり)のこと。左右の足の爪で交互に雪面を蹴り、腹部で雪面を軽やかに滑っていく。

南極半島に近いポーレット島で。(M)

17

September

遅れる営巣

Adelie Penguin

皮肉なことだが、南極半島周辺では温暖化によって降雪量が増えているために、アデリーペンギンが営巣を開始できる時期が遅くなってきた。

ポーレット島で。(M)

18
September

目線
Royal Penguin

ロイヤルペンギンの水中写真を見ると、たいていの個体がカメラを見ていることに気づく。もともと好奇心が強くて、むこうから近づいて来たところを撮影することが多いので当然かもしれないが、写真家にとってはありがたい被写体である。

マッコーリー島で。(N)

19

September

束の間

Royal Penguin

ロイヤルペンギンが生息するマッコーリー島は、世界でもっとも曇りがちな場所のひとつ。年間の日照時間はおよそ八五〇時間ほど。
束の間の晴れ間を楽しむように、ペンギンたちが海岸を歩く。(N)

20

September

氷上に立つ

Emperor Penguin

成長して、親鳥の足の上から離れたコウテイペンギンのヒナ。それでもまだときおり甘えるかのように、頭を親鳥の足元に潜りこませようと試みる。

ウェッデル海、スノーヒル島で。(M)

21

September

コウテイペンギンのクレイシ

Emperor Penguin

成長したコウテイペンギンのヒナがつくるクレイシ。海での餌とりから帰ってきた親鳥が、自分のヒナを探しだす。

ウェッデル海、スノーヒル島で。(M)

22
September

花が咲く森で
Snares Penguin

花の咲き乱れる森でくつろぐハシブトペンギン。
この植物はマオリ名でKokomukaと呼ばれ、ニュージーランド北島から亜南極諸島まで広く分布する。

スネアーズ諸島で。(N)

23

September

恐る恐る

Snares Penguin

ハシブトペンギンが生息するスネアーズ諸島の岩礁域には、波打ち際までケルプが生い茂る。このケルプは、ペンギンにとっては厄介な障害物になるようで、入水時や上陸の際にはできるだけケルプの少ないところを選ぶ。

スネアーズ諸島で。（N）

24

September

ペンギン・ハイウェイ

Gentoo Penguin

雪上を行進するジェンツーペンギン。

彼らが並んで通る場所の雪が踏みかためられ、いっそう決まった通り道になっていく。

南極半島沿岸のダンコ島で。(M)

25
September

好奇心か警戒か

Gentoo Penguin

浅瀬に座りこんで撮影する写真家に接近する一羽のジェンツーペンギン。しばらく様子をうかがい、何度かつつく仕草を見せたあと、ふいに波間に消えた。

南極半島沿岸で。
(Song_about_summer/Shutterstock.com)

26

September

喜望峰に近い海岸で

Cape Penguin

アフリカ大陸の南端、喜望峰に近いケープ半島の海岸に、春の日射しが降り注いだ日。海から帰ってきたケープペンギンが浅瀬で立ちあがると、体についた海水が弾け散る。(M)

27

September

ケープペンギンのヒナ

Cape Penguin

成長したケープペンギンのヒナ。地面に掘ったトンネルや、林のなかに営巣するためだろう、このペンギンは他種で観察されるような密集したクレイシを形成しない。

南アフリカ、ボルダーズビーチで。(M)

28

September

ペルーの太平洋岸で

Humboldt Penguin

フンボルトペンギンが分布する南米ペルーの太平洋岸は、エルニーニョ現象（東部太平洋の海水温が上昇する）の影響をもっとも直接的に受ける場所。エルニーニョが発生すれば、餌不足によって彼らの繁殖成功率は極端に低くなる。

(Brian Maudsley/Shutterstock.com)

29

September

ナンキョクオキアミをめぐる競争

Macaroni Penguin

雪が舞うサウスジョージア島の海岸に集うマカロニペンギン。同じナンキョクオキアミ食者であり、四〇〇万頭をこえて個体数を増やしているナンキョクオットセイと、餌資源をめぐる競争を強いられている。

サウスジョージア島、クーパー湾で。(M)

30

September

新しい繁殖期にむけて

Magellanic Penguin

南半球の冬、繁殖地を離れていたマゼランペンギンたちも、まもなく新しくはじまる繁殖期にむけて、繁殖地に帰還する。

フォークランド諸島、シーライオン島で。（M）

1

October

お花畑

Yellow-eyed Penguin

キンメペンギンがメガハーブの咲き乱れる花畑の中を歩く。メガハーブはニュージーランドの亜南極諸島のみに分布する固有の植物。絶えず強風が吹き荒れる場所ではあるものの、いずれの種も不思議なほど大きな花を咲かせる。

オークランド諸島、エンダビー島で。(N)

2
October

雪がとけたら
Adelie Penguin

繁殖のために、繁殖地に帰ってきたアデリーペンギンたち。彼らは、雪が吹きとばされ、氷がとけて、地面や岩が露出した場所から営巣を開始する。

南極半島に近いポーレット島で。（M）

3

October

出勤途中

Gentoo Penguin

毎朝、コロニーを離れ海にむかうジェンツーペンギンたち。彼らは日中に海で漁を行い、夕方になるとヒナの給餌のためにコロニーに戻る。

フォークランド諸島、シーライオン島で。(N)

4

October

砂丘をこえて

Gentoo Penguin

海とジェンツーペンギンの営巣地の間に広大な湿地が広がるフォークランド諸島のシーライオン島。
背景の砂丘は、海の波と風が運んでつくったもの。その先に、南大西洋が広がっている。(M)

5

October

シェルター

Snares Penguin

入りくんだ入江の奥に数羽のハシブトペンギンがいた。
彼らの上陸場所は開けた岩場であることが多く、海が荒れると上陸がむずかしくなる。
海が荒れても穏やかな入り江は、ペンギンたちにとって安全に海の出入りができる貴重な場所になる。

スネアーズ諸島で。(N)

6

October

絆

Snares Penguin

鳴き交わすハシブトペンギンのペア。
ペンギンのペアはおたがいを見つけると、鳴き交わすことで絆を深める。
営巣地から離れた場所で鳴き交わす彼らは、繁殖に失敗したのか、あるいはペアになって間もない若い個体なのか。

スネアーズ諸島で。(N)

7

October

両親とともに

Emperor Penguin

コウテイペンギンの親鳥が海での餌とりから帰って、両親がそろったひととき。この季節、まだ海は広く氷におおわれ、親鳥が海に出かけるためには、何十キロも氷上を歩かなければならない。

ウェッデル海、スノーヒル島で。(M)

8
October

クレイシで
Emperor Penguin

ヒナが成長すると、より旺盛になるヒナの食欲を満たすために、両親がそれぞれ海に餌とりに出かけるようになる。親鳥の帰りを待つコウテイペンギンのヒナたちが、クレイシを形成する。

ウェッデル海、スノーヒル島で。（M）

9
October

ペンギン日和
Emperor Penguin

ときにブリザードが吹き荒れれば、クレイシをつくるコウテイペンギンのヒナたちは体を密集しあって風と寒さをしのぐ。ちなみに今日は、南極海のうららかな一日。

ウェッデル海、スノーヒル島で。(M)

10

October

南極の春

Emperor Penguin

一〇月に入れば、南極の日射しはずいぶん長くなるが、高緯度の場所では太陽は低いままだ。コウテイペンギンたちの長い影が氷上にのびる。

ウェッデル海、スノーヒル島で。(M)

11
October

トンボ岬
Magellanic Penguin

アルゼンチンの南部にあるトンボ岬には、マゼランペンギンの繁殖期には五〇万羽が集まる一大コロニーが形成される。

(Ekaterina Pokrovsky/Shutterstock.com)

12

October

巣

Magellanic Penguin

簡素な巣で抱卵中のマゼランペンギン。まわりに他のペンギンが近づくたびに、親鳥は追い払っていた。五～六週間ほど巣を守り、抱卵をつづければヒナの姿が見られることだろう。

アルゼンチン、バルデス半島で。
(Tomas Kotouc/Shutterstock.com)

13
October

右往左往
King Penguin

波打ち際にそって歩くオウサマペンギンたち。七〇羽ほどの群れが海に入ることもなく、コロニーにむかうこともなく、ただ水際を歩きまわるだけ。その行動は、一時間ほどつづいた。

フォークランド諸島、ボランティア岬で。(N)

14
October

パタゴニアのペンギン
King Penguin

一七六九年、オウサマペンギンの最初の標本がフォークランド諸島から「パタゴニアペンギン」として採取され、*Aptenodytes patagonicus*の学名が与えられた。フォークランド諸島のオウサマペンギンのほとんどは、このボランティア岬で繁殖する。(M)

15
October

歓待
Royal Penguin

島に上陸した直後、数羽のロイヤルペンギンが近づいてきた。島への闖入者をねめまわすように眺めた後、何事もなかったかのように群れがいる場所に歩き去った。
他のペンギンではあまり見られない歓待のさま。

マッコーリー島で。（N）

16

October

白頬と黒頬

Royal Penguin

ロイヤルペンギンの成鳥と若鳥のペア。ロイヤルペンギンの若鳥(右)は頬が黒くマカロニペンギンに酷似し、非常に紛らわしい。

マッコーリー島で。(N)

17

October

巣材を集める

Adelie Penguin

アデリーペンギンは、小石を積んでお盆状の巣をつくる。営巣地のまわりの小石はすでに多くの巣材に使われており、新たに見つけるのは思いのほかむずかしい。

南極半島の先端に近いブラウンブラフで。(M)

18

October

吹雪のなかで

Adelie Penguin

空の片隅に黒雲が現れたかと思うと、瞬く間に吹雪につつまれた。アデリーペンギンの営巣地も、巣で抱卵するペンギンたちも、すべてが雪でおおわれはじめる。

南極半島の先端に近いポーレット島で。(M)

19

October

夕暮れの営巣地

Gentoo Penguin

フォークランド諸島、シーライオン島にあるジェンツーペンギンの営巣地。

夕方、多くのペンギンたちが海での餌とりから帰ってくるため、コロニーがもっとも賑やかになる時刻。(M)

20
October

異種の出会い
Gentoo & Chinstrap Penguin

巣を守るジェンツーペンギンを、ヒゲペンギンが覗きこむ。ペンギンたちであふれるサウスジョージア島ならではの光景。

サウスジョージア島、クーパー湾で。(M)

21

October

汚れた腹と新雪と

Chinstrap Penguin

新雪の上を歩くヒゲペンギン。汚れた腹は、雪がとけ地面が露出した場所で営巣をしているから。これから海に餌とりに行くところ。海から帰ってきたときには、新雪にもまけない純白の腹部を見せてくれるだろう。

サウスシェトランド諸島、ハーフムーン島で。(M)

22

October

巣材を失敬

Chinstrap Penguin

アデリーペンギンと同様に、ヒゲペンギンも小石で巣をつくる。隣人の巣材の小石を失敬することで、小競りあいに発展することもある。

サウスシェトランド諸島、デセプション島で。(M)

23
October

まもなく巣だち

Cape Penguin

ケープペンギンは孵化してからおよそ三か月で、まもなく巣だち。巣だった若鳥は、一年は海洋生活を行う。

南アフリカ、ボルダーズビーチで。(M)

24

October

マゼランペンギンの季節

Magellanic Penguin

南半球の春、巨大なミナミセミクジラが繁殖のために集まるアルゼンチン、バルデス半島の周辺には、マゼランペンギンの小さな営巣地が点在する。一〇月に入れば、バルデス半島はさまざまな野生動物の観察ツアーが盛んになる。

アルゼンチン、バルデス半島で。(M)

25

October

マカロニペンギンの春

Macaroni Penguin

九〜一一月は、南半球の春にマカロニペンギンは繁殖地に帰還し、営巣地が賑やかになりはじめる季節。彼らはきまった営巣地へのこだわりが強い。

サウスジョージア島、クーパー湾で。
(Anton Rodionov/Shutterstock.com)

26
October

急峻な崖もいとわず

Macaroni Penguin

サウスジョージア島の急峻な崖に立つマカロニペンギン。彼らは崖崩れが起こった場所にでも営巣することがあり、観察者泣かせのペンギンでもある。

サウスジョージア島、クーパー湾で。
(Tetyana Dotsenko/Shutterstock.com)

27

October

雪上の行進

Gentoo Penguin

繁殖地に戻りはじめたジェンツーペンギン。彼らもアデリーペンギンと同様に、巣づくりをするためには、雪や氷がなくなり、地面や岩が露出するまで待たなければならない。

南極半島沿岸のクーバービル島で。（M）

28
October

早めの繁殖
Adelie Penguin

アデリーペンギンはジェンツーペンギンにくらべて、繁殖をはじめるのが三週間〜一か月ほど早い。それだけ春の雪が多い年は、営巣をはじめるにあたって苦労が多くなる。

ウェッデル海、デビルズ島で。(M)

29

October

隣人とのいさかい

Rockhopper Penguin

近隣で抱卵するイワトビペンギン同士が演じる、金切り声を盛んにあげながらの、あまりに賑やかないさかい。

フォークランド諸島、ドルフィン岬で。(M)

30

October

岩棚でのひと休み

Rockhopper Penguin

急峻な崖の上に営巣地をもつイワトビペンギン。海での餌とりから帰ってきたペンギンたちが、崖を巧みに登りながら、途中岩棚でひとときの休息をとる。

フォークランド諸島、シーライオン島で。(M)

31

October

大動脈

Chinstrap Penguin

サウスシェトランド諸島のデセプション島ベイリー岬にあるヒゲペンギンの大コロニー。谷筋は、海へ餌とりに出かける者たちが、海での餌とりから帰ってきた者たちが行き交う一大動脈になる。(M)

1

November

初夏本番

Adelie Penguin

雪上にたたずむアデリーペンギンの番い。
彼らの営巣はこれからが本番。
南極に晩夏が訪れるまで、彼らの忙しい日々がつづく。

南極半島の先端に近いブラウンブラフで。(M)

2
November

卵とヒナと
Chinstrap Penguin

数日違いで産まれたヒゲペンギンの二つの卵の、第一卵が孵化した。もう二、三日すれば、二羽のヒナがそろっているはずだ。

サウスシェトランド諸島、デセプション島で。(M)

3
November

ヒゲペンギンのディスプレイ
Chinstrap Penguin

翼を横に突き出し、天をあおいでトランペットの音色のような甲高いディスプレイの声を響かせるヒゲペンギン。
営巣をはじめたペンギンたちは、いつも泥まみれだ。

サウスシェトランド諸島、ハーフムーン島で。(M)

4
November

湧昇流がもたらす恵み

Cape Penguin

ケープペンギンが生息するアフリカ南西岸では、豊かな寒流ベンゲラ海流が流れると同時に、吹きつづける南東からの風に表層水が沖に押しだされ、それを補うように湧きあがる深層の海水が、いっそう豊かな海洋生態系をつくり出している。

南アフリカ、ボルダーズビーチで。
(Sergey Uryadnikov/Shutterstock.com

5
November

冷たい海、強い日ざし

Cape Penguin

ケープペンギンが生息するナミビア南部から南アフリカかけての沿岸は、寒流に洗われて海水は冷たいが、地上は日ざしも強く気温も高い。彼らは小さな体で、水陸の温度差をどのように調整しているのだろうか。

南アフリカ、ケープ半島で。（N）

6
November

ヒナの成長
Emperor Penguin

南極の春の深まりとともに、成長をつづけるコウテイペンギンのヒナたち。海での餌とりから帰ってきた親鳥は、クレイシのなかから自分のヒナを見つけだす。

ウェッデル海、スノーヒル島で。(M)

7
November

給餌
Emperor Penguin

ほかのペンギンたちと同様、コウテイペンギンのヒナが親鳥の下くちばしを小刻みにつつくと、親鳥は吐き戻す動作を見せて給餌がはじまる。

ウェッデル海、スノーヒル島で。(M)

8

November

内情

King Penguin

オウサマペンギンはペアの絆が強いといわれるが、じつは同じペアが繁殖終了後に、再度番う確率は高くない。
ペアで仲睦まじく歩くようすを見ていると、そんな事情があるとは想像すらできない。

フォークランド諸島、ボランティア岬で。(N)

9
November

くちばしによる傷跡

King Penguin

何が気にいらないのか、海岸に休むナンキョクオットセイをくちばしでつつくオウサマペンギン。ナンキョクオットセイの体に数センチ離れた二点の傷跡を見かけたのは、こうしてつけられたものだったようだ。

サウスジョージア島、ストロムネスで。（M）

10

November

復活

Gentoo Penguin

タソックの茂みを歩くジェンツーペンギン。

フォークランド諸島では、ジェンツーペンギンが営巣地の位置を年によって若干変えることが知られている。

この場所にも以前営巣地があり、強い酸性の糞尿によってまわりの植物は枯死していたが、数年後に訪れたときにはタソックの茂みが復活していた。

フォークランド諸島、シーライオン島で。(N)

11
November

小枝の影で
Magellanic Penguin

マゼランペンギンは、地面に深い穴を掘って営巣することが多いが、植生や枯れ木の間でわずかに掘った場所を巣として利用することもある。

アルゼンチン、パタゴニア、トンボ岬で。(M)

12
November

スノーヒル島の繁殖地
Emperor Penguin

コウテイペンギンの繁殖地として、一九九七年になってはじめて発見されたスノーヒル島。その後二〇〇四年になって、はじめて詳細な生態調査がなされた。現在、四〇〇〇～四二〇〇番いが繁殖することが知られている。(M)

13

November

南極半島で

Chinstrap Penguin

もともと亜南極の島じまに広く分布するヒゲペンギンだが、温暖化にあわせて南極半島にも分布域を広げつつある。

サウスシェトランド諸島、ハーフムーン島で。
(Szakharov/Shutterstock.com)

14

November

谷を埋めつくして

King Penguin

サウスジョージア島のセントアンドリューズ湾。
雪どけの水を集めて流れる川のまわりに広がる平原を埋めつくして密集するオウサマペンギンたちが発する声が、うねりのように渡っていく。(M)

15

November

長い育雛

King Penguin

ほとんど餌がもらえなかった冬をこえて、巣だちまでのひとときをすごすオウサマペンギンのヒナたち。

手前の一羽は、幼綿羽の下に親鳥の白い羽毛がのぞきはじめている。

フォークランド諸島、ボランティア岬で。(M)

16

November

タイミング

Snares Penguin

海に入るタイミングをうかがうハシブトペンギン。本種に限らず、海に入るときに時間をかけるペンギンは多い。一羽が海に入ると他の個体もそれにつづくが、最初の一羽が入るまでにいつも時間がかかる。

スネアーズ諸島で。(N)

17
November

干満の差

Snares Penguin

ケルプの茂みを歩くハシブトペンギン。

満潮時に海に入るのはたやすいが、干潮時には根本まで干上がったケルプの茂みが妨げとなり、海に入るのも一苦労になる。

スネアーズ諸島で。(N)

18
November

生活史
Royal Penguin

他のペンギンと同じくロイヤルペンギンも、一生の大半を海上ですごす。
陸上生活をするのは繁殖および羽毛の生え変わりのときのみで、一年のうちじつに半年以上を海上ですごしている。

マッコーリー島で。(N)

19

November

東奔西走

Royal Penguin

繁殖期が本格的にはじまるロイヤルペンギンたち。まもなくすればヒナたちの旺盛な食欲を満たすため、親鳥は獲物の確保に奔走しなければならない。

マッコーリー島で。(N)

20

November

お花畑の間で

Yellow-eyed Penguin

ニュージーランド領のキャンベル島は、灌木や丈の高い草に広くおおわれ、ペンギンの声は聞けど姿を目にする機会は多くない。ボートで湾内を巡ったとき、偶然お花畑の隙間に二羽のキンメペンギンが、ひっそりとたたずんでいるのが目にはいった。

キャンベル島で。(N)

21
November

営巣地の近くで

Yellow-eyed Penguin

多くのペンギンのなかまは、繁殖期以外は営巣地を遠く離れて外洋ですごすのが常だが、キンメペンギンは繁殖期以外でも営巣地の近くにとどまって暮らす。

(Robert CHG/Shutterstock.com)

22
November

長蛇の列

Rockhopper Penguin

夕方になって、海から帰ってきたイワトビペンギン。上陸場所から崖をのぼって岩場の斜面にある営巣地まで、途切れることなく行列がつづく。

フォークランド諸島、ソーンダース島で。(M)

23
November

求愛のコーラス
Rockhopper Penguin

頭部を左右に激しく振り、耳を聾するほどの金切り声で行う求愛。雌雄のあいだで声はしだいに唱和していく。

フォークランド諸島、シーライオン島で。(M)

24
November

夕暮れのマゼランペンギン
Magellanic Penguin

南半球の初夏、マゼランペンギンが営巣や抱卵に忙しい季節。沈みゆく太陽がパタゴニアの空を茜色に染める時刻、親鳥たちが海から巣に急ぐ。

アルゼンチン、トンボ岬で。(M)

25
November

マゼランのペンギン
Magellanic Penguin

このペンギンは、一六世紀に世界周航を試みた航海者フェルディナンド・マゼランの船隊が南米沿岸を通るときに、西洋人の目にはじめて触れて報告された。

アルゼンチン、トンボ岬で。
(Ekaterina Pokrovsky/Shutterstock.com)

26

November

巨大コロニー

Royal Penguin

ロイヤルペンギンは他の多くのペンギンたちと同様、コロニーを形成して繁殖を行う。コロニーはときに巨大化し、世界最大のコロニーでは約五〇万番いが集まる。コロニーのなかはペンギンの密度が高く、隣人同士のいさかいが絶えない。

マッコーリー島で。
(BMJ/Shutterstock.com)

27
November

ホットスポット

Royal Penguin

オーストラリア領のマッコーリー島は、世界でも有数のペンギンの大規模繁殖地としても知られる。ロイヤルペンギンのほかオウサマペンギン、ジェンツーペンギン、ヒガシイワトビペンギンが繁殖する。ミナミゾウアザラシの一大繁殖地としても知られており、野生動物たちのホットスポットのひとつと言えよう。

マッコーリー島で。(N)

28

November

横目にらみ

Adelie Penguin

小石で作られた巣で抱卵するアデリーペンギン。観察者が近づいたときなど、首を横に曲げて、白目を際だたせた片目を相手にむけて警戒する。

南極半島の先端に近いブラウンブラフで。(M)

29

November

ポーレット島

Adelie Penguin

南極半島の先端近くに浮かぶポーレット島は、一〇万番い以上のアデリーペンギンが営巣を行う。直径約一・六キロの火山性の島で地熱があり、厚い氷で覆われない場所があることも、アデリーペンギンが巣づくりをしやすい条件になっている。(M)

30

November

午前三時のワシントン岬

Emperor Penguin

ロス海に面した南緯七四度にあるワシントン岬は、コウテイペンギンの繁殖地として知られる。この季節、太陽は地平線に沈むことはなくなった。
午前三時、親鳥の帰りを待つコウテイペンギンのヒナが、巨大な氷山を背景にたたずむ。(M)

1

December

パタゴニアの初夏

Magellanic Penguin

地面に掘った穴に営巣するマゼランペンギンの隣人たち。風の国チリ、パタゴニアに訪れた、穏やかな日ざしに包まれた日。

チリ、オトウェイ湾のペンギン保護区で。
(Victor Suarez Naranjo/Shutterstock.com)

2

December

ヒゲペンギンの営巣地

Chinstrap Penguin

ヒゲペンギンは南極大陸をとりまいて浮かぶサウスシェトランド諸島やサウスサンドイッチ諸島に、広大なコロニーを形成する。こうしたコロニーのなかにときに一番い、マカロニペンギンが営巣することもある。

サウスシェトランド諸島、ハーフムーン島で。(Graeme Snow/Shutterstock.com)

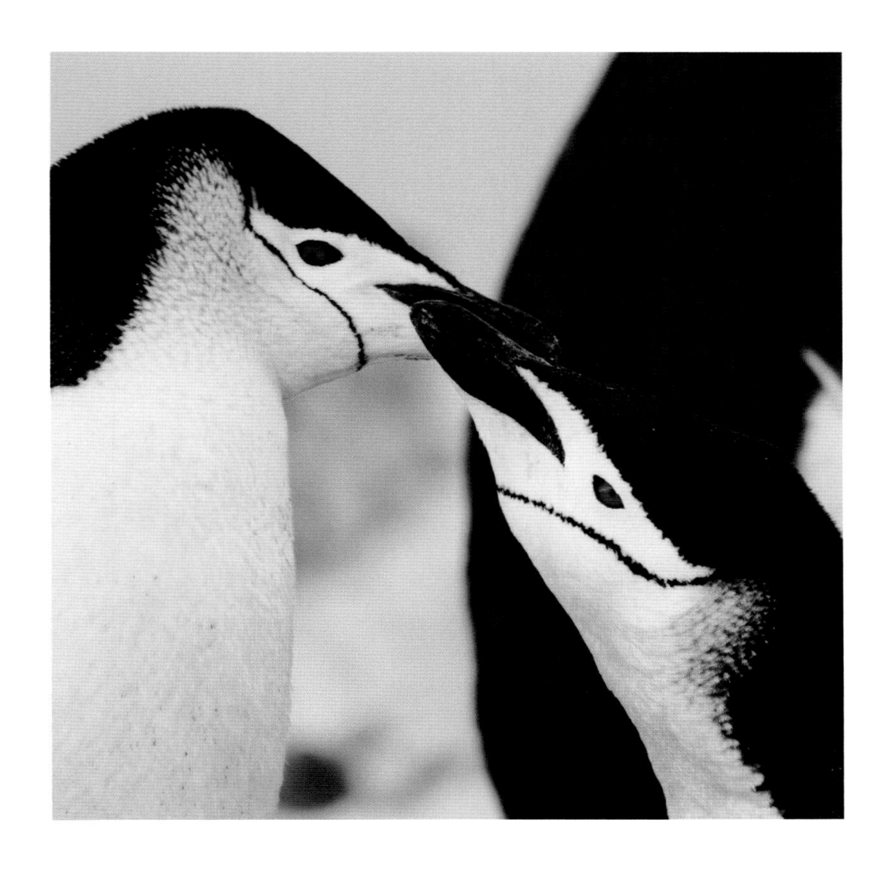

3
December

ヒゲペンギンのカップル
Chinstrap Penguin

求愛を行うヒゲペンギンの番い。彼らのむすびつきは強く、年を越えて番いが維持されるのが常だ。

サウスシェトランド諸島、ハーフムーン島で。(M)

4

December

褐色の岩壁

Adelie Penguin

南極半島の先端に近い場所にある褐色に切り立つ岩壁は「ブラウンブラフ」と呼ばれ、麓の海岸にアデリーペンギンの広大な営巣地があることで知られている。(M)

5

December

二羽のヒナ

Adelie Penguin

数日違いで孵化したアデリーペンギンの二羽のヒナ。孵化した順で、多少の大きさの違いが認められる。

南極半島の先端に近いブラウンブラフで。(M)

6

December

小石を集める

Adelie Penguin

巣を補強するための小石を集めつづけるアデリーペンギン。

ブラウンブラフで。(M)

7
December

森との関わり
Snares Penguin

ハシブトペンギンの営巣地は森の中にある。
絶えず強風が吹きつける絶海の孤島で、彼らはわずかに存在する森林を巧みに利用し、世代を繋げている。

スネアーズ諸島で。(N)

8

December

はるかな旅

Snares Penguin

ハシブトペンギンは繁殖期と換羽の時期を除けば上陸することはなく、外洋で生活をする。外洋生活についてはほとんど知られていないものの、繁殖地であるニュージーランド南部海域からはるか遠く離れたフォークランド諸島で発見された記録もある。

スネアーズ諸島で。(N)

9
December

まばらなクレイシ

Emperor Penguin

コウテイペンギンのヒナが成長すると、それまでの密集したクレイシは解け、散らばってすごすようになる。

ロス海、ワシントン岬で。(M)

10
December

白夜

Emperor Penguin

白夜がつづく南極、ロス海。
コウテイペンギン親子が暮れない
夜をすごす。

ワシントン岬で。(M)

11
December

成長とともに
Yellow-eyed Penguin

成長したキンメペンギンのヒナと親鳥。
孵化後、しばらくの期間は片親がたえずヒナの側につきそうが、その後は旺盛なヒナの食欲に応えるために、両親はヒナを残して海に出かけるようになる。
(Frank Fichtmueller/Shutterstock.com)

12

December

巣だちまで

Yellow-eyed Penguin

キンメペンギンの親と子。卵から孵化したヒナはおよそ一〇六日をかけて生育する。このあと、生息地が秋を迎える二月〜四月にかけて巣だっていく。このヒナは巣だちにはまだ少し時間がかかりそうだ。

(Frank Fichtmueller/Shutterstock.com)

13

December

砂浜に写る影

King Penguin

寄せる波が細かな白砂が広がる砂浜を浸すと、一面が艶やかな鏡になって、行進するオウサマペンギンたちの姿を写しだす。

フォークランド諸島、ボランティア岬で。(M)

14

December

ヒナの声に誘われて

King Penguin

目眩をおこすほどのオウサマペンギンの群れに圧倒されていた。そのとき、我に返らせてくれたのは、すぐ目の前で親鳥に餌をねだりはじめたヒナたちの、重なりあう声。

サウスジョージア島、ソールズベリー平原で。(M)

15

December

サウスジョージア島の夏

King Penguin

目映い光が、オウサマペンギンの広大なコロニーがあるソールズベリー平原を照らしだす。海岸をとりまく山に残る雪もずいぶん少なくなった。

(Tetyana Dotsenko/Shutterstock.com)

16

December

兄弟はライバル

Gentoo Penguin

ジェンツーペンギンの二羽のヒナは、生き抜くうえではライバルだ。第二ヒナが餌をもらえるのは、体が大きく、より力強く餌をねだる第一ヒナのあとになってしまう。

南極半島沿岸のクーバービル島で。(M)

17

December

クレイシで

Gentoo Penguin

クレイシをつくって親鳥の帰りを待つジェンツーペンギンのヒナたち。まわりには、オオトウゾクカモメが飛び交いながら、ヒナを狙う機会をうかがっている。

サウスジョージア島、ストロムネスで。(M)

18

December

海岸で目だつのは

Royal Penguin

ロイヤルペンギンは海岸から少し離れた内陸部にコロニーをつくる。海岸は海とコロニーの間の通過場所にすぎないが、それでも多くの個体が長く海岸にとどまってすごす。

同様に上陸場所にとどまるペンギンたちも少なくないが、ロイヤルペンギンは海岸でもっとも目だつ存在である。

マッコーリー島で。(N)

19
December

森にすむ
Fiordland Penguin

キマユペンギンが生息するニュージーランド南島の南西部には、豊かな森が広がる。
年間五〇〇〇〜七〇〇〇ミリに達する降雨量の賜物だが、キマユペンギンはその恩恵を利用して森の中で営巣をする。
森の中を歩くペンギンの姿は、ペンギンを見慣れた私にも、じつに新鮮に映った。

ニュージーランド南島、ウェストランドで。（N）

20

December

頭を上下に動かして

Emperor Penguin

「ピーピー」と声を発しながら、頭を激しく上下に動かして、コウテイペンギンのヒナが餌をねだる。それにあわせて、親鳥が給餌のために吐きもどす仕草を見せる。

ウェッデル海、スノーヒル島で。(M)

21

December

ロス海の一隅で

Emperor Penguin

ロス海に面したワシントン岬では、二万〜二万五〇〇〇番いのコウテイペンギンが繁殖を行う。ペンギンたちが冬の間烈風を避けた巨大な氷山の背景に、標高二七三二メートルの峻峰メルボルン山がそびえる。(M)

22

December

他人の子

Rockhopper Penguin

イワトビペンギンのヒナが隣人に近づきすぎたせいか、威嚇され、追い払われていた。
他人の子には、ときに嘴で激しく突きまわすこともあり、ヒナは這う這うの体で逃げだすしかない。

フォークランド諸島、ソーンダース島で。（N）

23

December

何をねだるか

Rockhopper Penguin

クレイシを形成するイワトビペンギンのヒナたち。撮影者を見つけた一羽のヒナが餌をねだるのか、接近して鳴きつづけていた。

フォークランド諸島、ソーンダース島で。(N)

24
December

三種混合

King Gentoo and Chinstrap Penguin

海岸ではちあわせたオウサマペンギン、ジェンツーペンギンとヒゲペンギン。

こうした光景が見られるのも、ペンギンたちの楽園サウスジョージア島ならではのことだ。

プリンスオラフ・ハーバーで。(M)

25

December

くつろぐヒナ

Gentoo Penguin

南半球ののどかな夏の一日。足裏を見せた格好で寝ころび、親鳥の帰りを待つジェンツーペンギンのヒナ。

サウスジョージア島、ストロムネスで。(M)

26
December

夕暮れの草原で

Magellanic Penguin

夕暮れの草原につくった巣穴の外でたたずむマゼランペンギンの親子。

フォークランド諸島のシーライオン島ではかつてはヒツジが放牧され、その蹄で巣穴が壊されることもあったが、いまはヒツジは排除されている。(M)

27
December

タソックの茂みをいく
Magellanic Penguin

タソック(イネ科植物)の間をいくマゼランペンギン。タソックは亜南極の島じまで、もっとも優占する植物。この地に吹きぬける強風は、海に大波が渡るように、タソックの群落を波打たせて渡っていく。

アルゼンチン、パタゴニアで。
(Galyna Andrushko/Shutterstock.com)

28
December

ペンギンたちの盛夏
Chinstrap Penguin

孵化してまもないヒゲペンギンのヒナたち。いまから二か月半ほど後、南半球に秋が忍びよる頃には巣だてるまでに育たなければならない。

サウスシェトランド諸島、デセプション島で。(M)

29

December

色づく巣

Chinstrap Penguin

ヒゲペンギンのヒナ。育雛が本格的にはじまると、ペンギンたちの巣のまわりの地面は、ナンキョクオキアミを食べたあとの糞で赤く染まりはじめるのが常だ。

サウスシェトランド諸島、デセプション島で。(M)

30
December

ケープペンギンの黄昏
Cape Penguin

黄昏をむかえる時刻、ケープペンギンの一行が、海での餌とりから帰ってきた。
ペンギンたちの歩みにあわせて、空は紅色から沈んだ葡萄色へ、彩りを落としていく。

南アフリカ、ボルダーズビーチで。
(Sergey Uryadnikov/Shutterstock.com)

31
December

唱和する声
Gentoo Penguin

ジェンツーペンギンの番いの姿がシルエットになって、夕焼けの空を背景に浮かびあがる。あたりを満たすペンギンたちの声のなかで、雌雄が唱和する声が、ひときわ強く空に響いた。

フォークランド諸島、シーライオン島で。(M)

コウテイペンギン属 *Aptenodytes*

◆コウテイペンギン（エンペラーペンギン）
Emperor Penguin / *Aptenodytes forsteri*

◆オウサマペンギン（キングペンギン）
King Penguin / *Aptenodytes patagonicus*

［亜種］
◆ヒガシキングペンギン（インドヨウキングペンギン）
A.p.halli
◆ニシキングペンギン（フォークランドキングペンギン）
A.p.patagonicus

アデリーペンギン属 *Pygoscelis*

◆アデリーペンギン
Adelie Penguin / *Pygoscelis adeliae*

◆ジェンツーペンギン
Gentoo Penguin / *Pygoscelis papua*

［亜種］
◆キタジェンツーペンギン *P.p.papua*
◆ミナミジェンツーペンギン *P.p.elisworthii*

◆ヒゲペンギン
Chinstrap Penguin / *Pygoscelis antarctica*

マカロニペンギン属 *Eudyptes*

◆イワトビペンギン
Rockhopper Penguin
ミナミイワトビペンギン *Eudyptes chrysocome*
ヒガシイワトビペンギン *Eudyptes filholi*
キタイワトビペンギン *Eudyptes moseleyi*

◆マカロニペンギン
Macaroni Penguin / *Eudyptes chrysolophus*

◆ロイヤルペンギン
Royal Penguin / *Eudyptes schlegeli*

◆マユダチペンギン（シュレーターペンギン）
Erect-crested Penguin / *Eudyptes sclateri*

◆キマユペンギン
（ビクトリアペンギン、フィヨルドランドペンギン）
Fjordland Penguin / *Eudyptes pachyrhychus*

◆ハシブトペンギン（スネアーズペンギン）
Snares Penguin / *Eudyptes robustus*

ケープペンギン属 *Spheniscus*

◆マゼランペンギン
Magellanic Penguin / *Spheniscus magellanicus*

◆フンボルトペンギン
Humboldt Penguin / *Spheniscus humboldti*

◆ケープペンギン
（アフリカペンギン、ジャッカスペンギン）
African Penguin, Cape Penguin / *Spheniscus demersus*

◆ガラパゴスペンギン
Galapagos Penguin / *Spheniscus mendiculus*

キンメペンギン属 *Megadyptes*

◆キンメペンギン
（グランドペンギン、キガシラペンギン）
Yellow-eyed Penguin / *Megadyptes antipodes*

コガタペンギン属*Eudyptula*

◆コガタペンギン
（フェアリーペンギン、リトルペンギン）
Little Penguin, Blue Penguin / *Eudyptula minor*

◆ハネジロペンギン
White-flippered Penguin / *Eudyptula albosigna*